내 서랍 속의 우주

루돌프 키펜한 Rudolf Kippenhahn 지음
루돌프 키펜한은 1926년 체코슬로바키아의 베어링엔에서 태어났다. 그는 할레와 에어랑엔에서 수학을 공부했고 1951년 박사학위를 받았다. 밤베르크에 있는 천문대에서 조교생활을 한 후에 괴팅엔과 뮌헨의 막스 플랑크 물리학 연구소와 천체물리학 연구소에서 연구활동을 했다. 1965년부터 1975년까지 괴팅엔대학교에서 천문학과 천체물리학 교수로 강단에 섰으며, 1975년부터 1991년까지 뮌헨과 가르싱의 막스 플랑크 천체물리학 연구소의 소장을 지냈고, 뮌헨대학교의 명예교수를 역임했다.
1991년부터 그는 괴팅엔에서 작가로 활동하면서 아홉 권의 대중 학술서적을 썼다. 저서로는 『원자』『검은 태양, 빨간 달』『엄청난 세계들』『천억 개의 태양』 등이 있다.

신혜원 옮김
1966년 서울 출생. 이화여자대학교 독어독문학과 졸업. 독일 아우구스부르크대학교에서 독어학 수학. 역서로는 『불가사의한 1000가지 이야기』『세기의 자살자들』『행운을 가져다주는 마법』『사랑을 이루어주는 마법』『번번이 실패하는 사람, 반드시 성공하는 사람』『일하는 여성의 행복 찾기, 그 10가지 힌트』『나를 행복하게 만드는 내 마음의 동화』 등이 있다.

AMOR UND DER ABSTAND ZUR SONNE
by Rudolf kippenhahn
Copyright ⓒ Piper Verlag GmbH, Muenchen 2001
All rights reserved
Korean translation copyright ⓒ 2003 by Dulnyouk Publishing Co.
Korean translation rights arranged with Piper Verlag GmbH
through Eric Yang Agency, Seoul

이 책의 한국어판 저작권은 에릭양 에이전시를 통한
Piper Verlag GmbH와의 독점계약으로
도서출판 들녘이 소유합니다.
저작권법에 의하여 한국 내에서 보호를 받는 저작물이므로
무단전재와 무단복제를 금합니다.

천문학에 관한 31가지 에피소드
내 서랍 속의 우주

루돌프 키펜한 · 신혜원 옮김

들녘

내 서랍 속의 우주
ⓒ 들녘 2003

초판 1쇄 발행일 · 2003년 8월 5일
초판 2쇄 발행일 · 2005년 5월 9일

지은이 · 루돌프 키펜한
옮긴이 · 신혜원
펴낸이 · 이정원

펴낸곳 · 도서출판 들녘
등록일자 · 1987년 12월 12일
등록번호 · 10-156
주소 · 서울시 마포구 서교동 394-14 명성빌딩 2층
전화 · 마케팅 (02)323-7849 편집 (02)323-7366
팩시밀리 · (02)338-9640
홈페이지 · www.ddd21.co.kr

값은 뒤표지에 있습니다. 잘못된 책은 구입하신 곳에서 바꿔드립니다.
ISBN 89-7527-380-6 (03850)

들어가는 글

내가 이 일을 시작한 지도 3년이 훨씬 넘었다. 오스트리아의 잡지 〈스타 옵저버〉의 발행인인 만프레도 이아체타는 나에게 칼럼을 써줄 수 없겠느냐고 물어왔다. 천문학을 둘러싼 비전문적 이야기들과 일화들을 소개해주면 된다고 했다. 나는 이 제안을 듣고 기쁜 마음이 들었지만 한편으로는 매달 기사를 쓰려면 소재가 바닥나지 않을까 하는 걱정이 생겼다. 하지간 나는 그의 제안을 받아들였다. 그리고 얼마 지나지 않아서 원고를 넘겨야 하는 날짜가 되기도 전에 머릿속에 새로운 테마들이 풍성하게 떠오르는 경험을 하게 되었다. 시간이 흘러도 쓸 거리는 점점 늘어났고, 지금도 계속 늘어나고 있다. 그렇게 해서 지난 몇 년 동안 "키펜한의 진기한 우주 이야기"라는 제목으로 30개가 넘는 칼럼들이 잡지에 실리게 되었다. 나는 천문학과 관련된 이야기 중에서 독특하고 진기한 이야기들, 예를 들면 착각과 오해에 관해 주로 썼다. 이런 일을 하는 나의 바람은 평범한 독자들에게 천문학과 천체물리학의 새로운 지식에 대해 생각해볼 수 있는 기회를 주는 것이었다. 내가 칼럼들을 쓰던 1999년 8월에 중부 유럽에서 개기 일식이 관측되었다. 이 일과 관련하여 여기 소개된 서른한 가지의 글 중에서 다섯 가지는 일식에 관한 이야기다. 그리고 일식에 대한 기대감을 가지고 썼던 제2장의 이야기들도 수정 없이 함께 실었다.

나는 숱한 일요일 오후를 나와 함께 이 칼럼들에 대해 토론하고 때로는 비판을 통해, 때로는 격려를 통해 성원해준 괴팅엔의 수학자 한스-루드비히 드 브리스에게 감사의 뜻을 전한다. 이제 피퍼 출판사가 이 칼럼들을 모아 책을 만들게 되었다. 각각의 칼럼들이 소개된 후에—일부는 독자들의 편지를 통해—추가적인 정보들을 얻을 수 있었다. 독자들에게 도움이 될 수 있는 내용은 각각의 이야기 끝에 덧붙여 써놓았다. 칼럼을 쓰면서 내가 느꼈던 즐거움이 이 책을 통해 조금이라도 독자들에게 전해질 수 있기를 바란다.

2001년 2월에, 괴팅엔에서
루돌프 키펜한

차례 | 내 서랍 속의 우주

들어가는 글 005

제1장 역사 속의 이야기 009

코페르니쿠스의 손톱 011

크레이터와 마리아 017

망원경 뒤의 맥주 양조업자 023

사립탐정, 윌리엄 J. 허셜 029

초신성과 페이푸스 호수에서 일어난 도난사건 034

4차원에서 온 영혼 040

두 행성에서 045

아모르와 지구-태양 사이의 거리 051

평판 스캐너가 아직 사람이었을 때 056

제2장 확인되지 않은 이야기 061

성자 베네딕트와 일식 063

일식의 수호자 067

이스파한을 향하여? 072

노스트라다무스와 일식 077

일식에 얽힌 이야기 083

제3장 오늘날의 이야기 089

바나클 빌과 구텐베르크의 성경 091

나이테의 주인 097

가우스와 킬로가우스 103

유로화는 오고 - 나의 창문은 사라지고 108

다인처 부인 이야기 114

잠식된 하늘 120

군사작전 '호로스코프' 128

전혀 쓸모없는 지적 곡예 135

숫자 1의 특별한 의미 140

내장된 천문학자 146

제4장 우주 이야기 151

초록색 광선 153

달의 도깨비불 158

크리스마스 트리 장식 속의 우주 164

인간 원리의 우주론과 단순한 수도사 171

나의 빅뱅 176

세 가지의 흔한 착각 181

밤이 어두워지는 두 가지 이유 187

옮긴이의 글 192

인명 찾아보기 195

제1장 역사 속의 이야기

# 코페르니쿠스의 손톱

 우리에게 큰 수수께끼를 남긴 사람이 있다. 지구가 태양의 주위를 돈다는 이론으로 사람들을 설득하려고 했던 바로 그 사람이다. 니콜라우스 코페르니쿠스$^{Nikolaus\ Kopernikus}$, 그가 행성의 체계를 정리한 덕분에 1543년(이 해에 사망한 코페르니쿠스는 『천체의 회전에 대하여』라는 저서를 남겼다 - 옮긴이)에 태양, 달 그리고 행성들이 각자의 궤도대로 지구 주위를 돈다고 믿던 시대는 막을 내렸다. 코페르니쿠스는 그때까지 달만은 지구의 위성으로 남겨두었지만 그밖의 다른 행성들, 코페르니쿠스마저도 다른 사람의 보고를 통해서 존재를 알게 되었을 정도로 보기가 힘든 수성, 초저녁과 새벽의 별로서 여명을 지배하는 금성, 붉은 색의 화성, 밝게 빛나는 목성, 거의 보이지 않는 토성 등은 모두 태양의 주위를 도는 것으로 알려지게 되었다.

 사실 기원전 300년경에 이미 그리스의 천문학자인 사모스의 아리스타르코스^{Aristarcos}가 그런 내용을 주장했다고 한다. 그러나 우리는 이 사실을 다른 그리스의 작가를 통해 알게 되었을 뿐이다. 플라우엔부르크 성당의 참사위원이었던 코페르니쿠스가 지동설을 다시 주장했을 때 비로소 행성들의 움직임은 움직이는 지구에 있는 우리가 1년 동안 매번 다른 방향으로 보고 있기 때문이라는 것이 밝혀졌다.

혹시 코페르니쿠스가 아리스타르코스의 생각에서 힌트를 얻었던 것은 아닐까? 어찌되었던 그가 이 그리스인의 주장을 알고 있었던 것은 분명하다. 코페르니쿠스가 쓴 저서의 원본에 아리스타르코스라는 이름이 들어 있었기 때문이다. 그런데 이 대가는 나중에 아리스타르코스라는 이름을 지워버렸다. 이것이 바로 니콜라우스 코페르니쿠스라는 인물을 둘러싸고 있는 수수께끼들 중의 하나다. 오늘날의 학자들도 이겨내기 힘든 유혹, 바로 선임자의 업적에 대해서는 무조건 입을 다물어버리는 유혹에 결국 그도 굴복했던 것일까?

우리는 코페르니쿠스의 업적은 잘 알고 있지만 그가 어떤 인물이었는가에 대해서는 자세히 알지 못한다. 그는 자신이 어떻게 그런 결과를 얻었는지 자세히 밝히지 않았다. 그가 관찰을 했다는 장소에 대한 몇 가지 보고들도 거짓으로 드러났다. 또한 그가 직접 만들었다는 관측기구는 당시의 수준에 비해 너무나 엉성했고 정교하지 않았다. 그렇게 부유했던 사람이 어째서 뉘른베르크에 있는 공장에서 더 좋은 기구들을 가져오지 않았던 것일까? 그가 기구들을 별로 사용하지 않았기 때문은 아니었을까? 그는 자신이 직접 측정하기보다는 고대 그리스 천문학자들의 측정을 대부분 그대로 받아들였다.

그렇다면 코페르니쿠스는 독일인이었을까, 아니면 폴란드인이었을까? 폴란드 사람들은 "우리는 미콜라우스 코페르니쿠스$^{Mikolaj\ Kopernikus}$, 이 위대한 폴란드의 학자에 대해 자랑스럽게 여긴다"고 외치며 이름의 철자에 'I'을 덧붙여 'M'을 만들었다. 독일 사람들은 또 이렇게 외쳤다.

"우리는 위대한 독일 학자인 니콜라우스 코페르니쿠스Nikolaus Coppernicus를 큰 자부심을 가지고 존경한다."

그러면서 폴란드에 없는 글자인 'pp'로 그의 이름을 표기한다.

양쪽의 주장 중에서 어떤 것이 옳든 간에 그들이 자부심을 느낄 이유는 없다. 독일인이든 폴란드인이든 누구도 코페르니쿠스가 지동설을 주장한 일에 아무런 역할도 한 것이 없지 않은가. 원래 자부심이란 무엇인가 기여한 사람이 누릴 수 있는 것이 아닌가. 거위들도 언젠가 자신의 선조들이 꽥꽥거리는 울음소리로 로마의 성을 구한 것에 대해 자부심을 느껴야 한다는 말인가.

폴란드 작가인 장 아담크체브스키는 1972년에 바르샤바에서 출간된 자신의 책에 코페르니크 가문은 코페르니키라는 마을의 출신이며 그 이름은 아마도 폴란드어 koper, 즉 음식의 향료로 쓰이는 서양자초(미나리과의 식물로 잎과 열매는 향료로 쓰인다-옮긴이)에서 나온 것이라고 썼다. 코페르니크 가문에는 미콜라우스라는 이름들이 많았다고 한다. 또한 그의 어머니 가문은 바첼로데라는 성을 가지고 있었다. 그러나 이것은 아마도 바치겐로데 또는 바첸로데 등으로도 쓰였을 것이다. 당시에는 맞춤법이 그다지 정확하지 않았으니 말이다. 또는 코페르니쿠스라는 이름이 라틴어 cuprum, 곧 구리라는 말에서 온 것일지도 모른다. 그렇다면 서양자초를 뜻하는 폴란드어가 아닐 수도 있는 셈이다.

아르투어 케스틀러는 이 문제가 한마디로 '그렇다' 또는 '아니다'라고 말할 수 없다면서 이렇게 설명했다.

"여기에 대해 솔로몬처럼 현명하게 대답할 수 있는 방법은 그의 출생과 생애에 대해 되짚어보는 길뿐이다. 그의 선조들은 게르만족과 슬라브족 간의 경계 지역에서 그 유명한 민족 혼합에 의해 생겨났으므로 그는 논의의 여지가 많은 영역에서 살았다. 또한 그가 썼던 대부분의 언어는 라틴어였고 어린 시절에 썼던 모국어는 독일어였다. 다른 한편으로 그는 정치적인 호감을 가지고 독일의 기사단에 대항하여 폴란드 왕의 편에 섰으면서 때로는 폴란드의 왕에 대항하여 독일의 주교좌 성당의 참사회의 편에 섰다. 그리고 그의 문화적인 배경은 독일적이거나 폴란드적이지 않았으며 오히려 라틴적이고 그리스적이었다. 이런 모든 것들이 종합된 인물이 바로 코페르니쿠스였다."

그러나 나는 평생 동안 코페르니쿠스에 대한 전혀 다른 수수께끼를 푸는 데 몰두하고 있다. 학창 시절 난 어느 책에서 그의 그림을 본 적이 있다. 많은 목판 조각들이 그렇듯이 그림 속의 그도 한 다발의 은방울꽃을 손에 들고 있었다. 또한 그는 의사 차림이었는데, 이는 그가 이탈리아에서 의학을 공부했고 고향에서는 명망 있는 의사였기 때문이다. 그는 환자들에게 당시 의학수준에 맞게 레몬 껍질과 아르메니아의 흙·식초·진주·에메랄드로 만든 혼합물, 그리고 히말라야 삼목재와 계피의 혼합물 등을 처방해주었다. 또한 딱정벌레와 유니콘의 뿔도 사람을 건강하게 하는 필수 요소라고 여겼다..

니콜라우스 코페르니쿠스(1473~1543)

거의 반세기 전에 내가 책에서 보았던 코페르니쿠스는 오른손에 꽃을 들고 있었다. 그런데 더 자세히 관찰을 해보면 손가락의 바깥쪽이 아닌 안쪽에 손톱이 그려져 있는 것을 발견할 수 있다. 또한 왼손의 엄지손가락 손톱도 제자리에 그려져 있지 않다.

전쟁의 혼란 속에서 나는 그 책을 잃어버렸다. 제목과 저자의 이름도 잊어버렸다. 나는 기회가 있을 때마다 역사 전문가들에게 그 이야기를 했지만 아무도 내 말을 믿지 않았다. 나는 조금씩 내 자신의 기억력을 의심하기 시작했다. 혹시 내가 다른 사람의 그림을 보고서 코페르니쿠스라고 착각했던 것은 아닐까? 그런데 90년대 초에 할레의 골동품 가게들을 뒤지다가 코페르니쿠스의 전기를 발견하게 되었다. 나는 그 책에서 마침내 내가 찾던 그림을 발견했다. 그 그림 속에서 코페르니쿠스의 손톱은 분명히 잘못된 자리에 있었다. 내 기억이 틀리지 않았던 것이다.

그림을 찾아내자 나는 소년 시절에 그 그림을 보고 이렇게 추측했던 것이 생각났다. 그 그림이 코페르니쿠스의 자화상이었을 것이라는 추측이었다. 그래서 난 그때 아마도 수성과 금성이

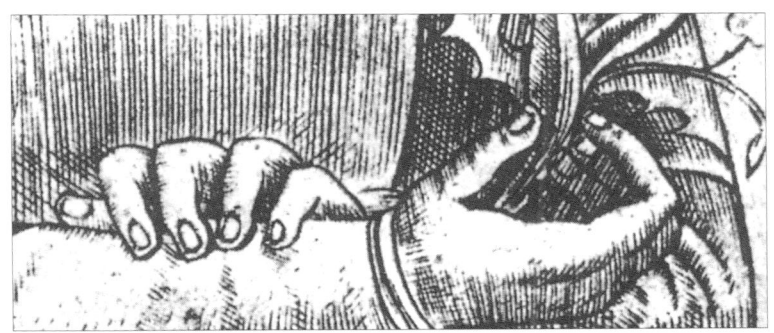

이 그림은 화가의 실수를 뚜렷하게 보여준다

016 우주 어디에 있는가를 찾아냈던 그 사람만이 자기 손톱이 왜 손가락 안쪽에 있는지 알 수 있을 것이라고 생각했다.

〈스타 옵저버〉의 독자인 오스터부르켄 출신의 M. 주프는 편집부에 편지를 보내어 그 그림은 1574년에 토비아스 슈팀머가 그린 것이라고 알려주었다. 그런 사실을 주프 씨는 책에서 발견했다고 한다.

토비아스 슈팀머(1539~84)는 스위스의 화가로 홀바인 이후 시대의 가장 독창적인 화가로 알려져 있다. 그는 6개의 그림과 1백여 개의 데생들을 바탕으로 수없이 많은 목판을 조각했다. 가장 유명한 것으로는 1576년에 바젤에서 인쇄된 그림 성경에 대한 170개의 목판 조각들이다. 그러나 코페르니쿠스가 죽을 당시 그는 겨우 네 살이었다. 결국 이 천문학자가 그의 모델로 앉는 일은 전혀 불가능했다.

크레이터와 마리아

칠레에 있는 유럽 남천 천문대의 거대 망원경 VLT(Very Large Telescope)는 1998년 4월 21일에 퍼스트라이트first light를 맞이했다. 네 대의 8미터 망원경 중에서 첫 번째 망원경의 렌즈에 처음으로 우주의 빛이 닿았다. 독일의 가르싱에 있는 본부에서 기자회견이 열렸고 당시 세계에서 가장 큰 망원경의 화상들이 공개되었다. 퍼스트라이트는 아주 특별한 일이다. 몇 년 전에는 하와이에서 케크 망원경Keck-Telescope의 퍼스트라이트가 있었다. 그 이전에 허블 우주 망원경의 퍼스트라이트도 실시되었다. 그런데 관측자들은 바로 이 150만 달러짜리 프로젝트에 결함이 있다는 것을 깨달았다. 수년 후에 파견된 우주 비행사들의 도움으로 보수가 이루어진 후에 두 번째 퍼스트라이트가 실시되었다. 흔히 망원경이 국제적인 협력에 의해 세워졌을 경우에는 해당 국가들의 천문학자들이 첫 번째 밤을 관측할 권리를 얻기 위해 경쟁하곤 한다.

그러나 나의 첫 번째 망원경이 퍼스트라이트를 하게 되었을 때는 아무도 관심이 없었다. 물론 나의 망원경은 VLT 관측범위의 2만 5천 분의 1밖에 미치지 못하는 소박한 것이었다. 당시는 제2차 세계대전 중이었다. 동세대의 다른 많은 천문학자들처럼 나도 소년 시절에 코스모스 렌즈 세트를 구입했다(당시 2.80라이히스마르크). 그 안에는 망원경을 조립하고 배달된 렌즈를 끼우는 방법에 대한 설명서가 들어 있었다. 나는 종이를 말아서 망원경의 경통을 만들고 실톱으로 렌즈의 테두리를 잘라내면서 모든 것을 직접 조립했다. 당시 우리 집은 보헤미아 접경 에르츠게비르게에 있었는데, 나는 집 앞에 두 개의 의자를 위로 얹어 세우고 그 위에 완성된 경통을 올려놓고는 점점 차가는 달을 향해 맞춰놓았다. 바로 퍼스트라이트였다. 나는 이때 태양으로부터 측면으로 비춰지던 달 표면의 크레이터(달과 같은 위성이나 화성 같은 행성 표면에 널려 있는 크고 작은 구멍 - 옮긴이)들과 그 순간을 결코 잊을 수 없다.

갈릴레이가 코스모스 렌즈 세트를 가졌던 사람들을 부러워했을 것이라던 광고 문구가 생각난다. 나는 갈릴레이의 첫 번째 망원경이 어땠는지는 알지 못하지만 나의 망원경에서 나타났던 문제점들만은 확실히 안다. 내가 망원경을 조립할 때 경통을 만드는 일은 쉽게 성공했다. 그러나 그 다음이 문제였다. 여러분도 한번 실톱, 망치, 송곳 그리고 접착제만으로 나무로 된 조립품을 만들어보라. 어쨌든 나는 성공하지 못했다. 갈릴레이는 어떻게 그런 일을 해냈는지 모르겠다. 아르투어 케스틀러는 『밤의 방랑자』라는 자신의 책에서 비웃듯이 이렇게 썼다.

"갈릴레이의 업적은 목성의 위성들을 발견한 데 있는 것이 아니라 자신의 그 조야한 망원경 시야에 그 위성들을 잡아냈다는 데 있다."

내가 망원경으로 달을 보고 있었던 어느 날 밤에 무의식적으로 광고에 나왔던 갈릴레이에 대해 생각하게 되었다. 1609년 겨울에 갈릴레이의 망원경이 퍼스트라이트를 실시했을 때는 상황이 어떠했을까? 그는 1610년에 출간된 논문인 「성계^{星界}의 사자」에서 자신의 망원경으로 관측된 달의 모습을 발표했다. 그늘로 생긴 달 표면의 경계선에서 분화구들이 뚜렷하게 나타났다. 갈릴레이는 이렇게 썼다. "반복적인 관측을 통해 마침내 우리는 수많은 학자들의 학설과는 달리 달의 표면은 매끄럽지도, 평평하지도 그리고 정확한 구^球 모양도 아니라는 것을 알게 되었다. 달의 표면은 울퉁불퉁하고, 거칠며, 들쭉날쭉하다. 그것은 마치 산맥이나 계곡이 있는 지구의 표면과 같다."

그러나 「성계의 사자」를 읽었던 모든 사람들이 달의 분화구에 대한 설명을 반겼던 것은 아니다. 예를 들면 당시의 명망가인 밤베르크의 천문학자이자 예수회 수사 크리스토프 클라비우스$^{Christoph\ Clavius}$는 이런 발견을 달가워하지 않았다. 그가 생각하는 달은 굴곡이나 함몰이 전혀 없는 수정구였다. 이에 반해 갈릴레이의 오랜 친구이자 로마에서 화가로 이름을 떨치고 있었던 루도비코 치골리$^{Ludovico\ Cigoli}$는 한때 그렇게 위대한 학자였던 클라비우스도 이제 나이 때문에 장님이 되어버렸다고 혹평했다. 그러고는 갈릴레이의 달 분화구에 대해 열광했다.

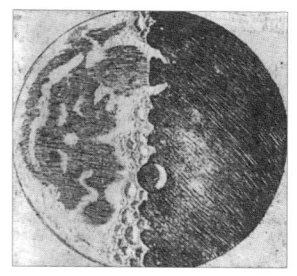
갈릴레이의 망원경에서 관측된 달 표면 그림들 중의 하나

천문학자, 크리스토프 클라비우스 (1537~1612)

치골리는 단지 화가로만 이름을 날린 사람이 아니었다. 그는 발명가이기도 했다. 어떻게 하면 주사위 같은 물체를 그림 속에서 '제대로' 보이도록 그릴 수 있을까? 더구나 그림 자체가 비스듬하거나 심지어 구부러진 면에 그려져 있다면 말이다. 그리고 어떻게 하면 감상하는 사람이 제대로 볼 수 있도록 종이에 그려진 그림을 교회의 천장 같은 둥근 면 위에 그대로 옮겨 그릴 수 있을까? 오늘날이라면 그림을 슬라이드로 만들어서 교회의 벽에 투영시킨 후에 그대로 그리면 간단할 것이다. 그러나 당시에는 그런 장치가 없었다. 때문에 화가들이 자신의 그림을 교회의 천장에 옮겨 그리기 위해서는 실과 도르래 위로 움직이는 고리를 통해 벽을 조준해야만 했다. 화가가 연필을 가지고 자기 그림 위에서 움직이면 실과 도르래가 고리를 움직였고, 이 고리를 통해 연필이 지나갔던 지점이 옮겨져야 할 위치를 볼 수 있었다. 이때 보조자가 투시 기구에 앉아 있는 화가의 지시에 따라 그 위치를 벽에 표시했다. 당시에는 많은 화가들이 굴곡이 있는 벽에 올바로 투시하기 위한 기구들을 고안해냈다. 치골리는 이러한 기구들에 대해 몇 가지 아이디어를 가지고 있었다고 한다.

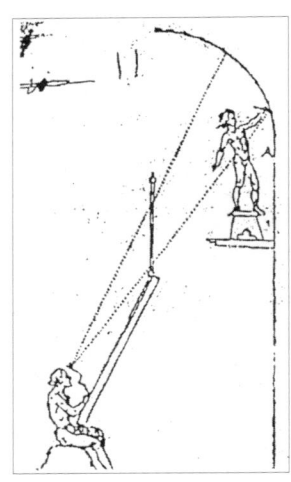
치골리가 고안한 투시기구 중의 하나. 그는 천장에 그려진 그림을 감상하는 사람이 제대로 볼 수 있게 하기 위해 이 기구를 이용해서 윤곽들을 굴곡진 벽에 투영시켰다

1610년경에 치골리는 이미 유명해져 있었다. 그리하여 그는 기독교 초기에 로마에 세워진 산타 마리아 마조레의 파울 교

역사 속의 이야기

로마에 있는 산타 마리아 마조레의 파울 교회에 그려진 승천하는 마리아. 오른쪽의 스케치는 마리아의 발 아래에 있는 초승달에 몇 개의 분화구가 있음을 분명하게 보여준다 (© Archivio vasari-Ikona, Rom)

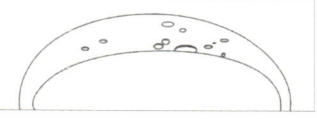

회 천장에 승천하는 마리아를 그려달라는 부탁을 받게 되었다. 이 그림은 1612년경에 완성되었다.

당시에는 승천하는 마리아의 발밑에 초승달을 그리는 것이 통례였다. 치골리가 이 작업을 시작했을 때 그는 이미 1년 전쯤에 출간된 친구의 논문에 대해 알고 있었다. 그래서 그가 그리던 그림에 논문의 내용을 적용시켰다. 달에 분화구를 그려 넣었던 것이다! 치골리의 벽화는 고리 모양의 분화구가 있는 달이 그려진 최초의 미술 작품이다.

알브레히트 훼슬링은 자신이 쓴 갈릴레이의 전기에서 크리스토프 클라비우스가 달의 분화구가 그려진 그림을, 그것도 교회에서 보게 되었을 때 머릿속으로 어떤 생각을 했을지 궁금해했다.* 클라비우스는 달의 분화구를 좋아하지 않았지만 후에 천문학자들은 달의 가장 아름다운 분화구에 그의 이름을 붙였다. 그때 클라비우스는 이미 죽은 지 오래되었으니 더 이상 거부할 수도 없었을 것이다.

클라비우스의 이름이 붙여진 달의 분화구. 직경이 225킬로미터에 달한다

---

*알브레히트 훼슬링, 『갈릴레오 갈릴레이 – 끝없는 재판』, 뮌헨, 1983.

망원경 뒤의 맥주 양조업자

몇 년 전에 나는 휴가를 보내던 중에 오버우어젤(프랑크푸르트 북서쪽의 접경지역에 있는 작은 도시로 맥주가 유명하다-옮긴이)에서 온 뵈트 부인을 만나게 되었다. 그녀는 내가 천문학자라는 것을 알자 얼굴이 환해졌다. "우리 가문에도 천문학자가 있어요." 내가 그 천문학자의 이름을 물어보자 웃으면서 대답했다. "헤벨리우스요." 그 이름을 듣자 나는 흥미가 발동했다. 천문학자 헤벨리우스 Johannes Hevelius는 1611년에 오늘날 폴란드의 그다인스크에 해당되는 단치히에서 태어났고 거기서 인생의 대부분을 보냈으며 1687년에 세상을 떠났다. 그의 원래 이름은 요한네스 헤벨케였다. 뵈트 부인의 2대 선조들도 헤벨케라는 이름을 가지고 있었다고 한다.

헤벨리우스가 태어난 해는 코페르니쿠스가 땅에 묻힌 지 이미 65년이나 지나고 구스타프 아돌프 2세가 스웨덴의 왕이 된 때였다. 갈릴레이는 2년 전에 최초로 자체 제작한 망원경으로 천체를 관찰했으며 달의 분화구, 목성의 위성 그리고 금성의 상을 발견했

요한네스 헤벨리우스(1611~87)

다. 한편 40세의 요한네스 케플러는 이론서인 『굴절광학』을 완성했고, 여기서 두 개의 볼록 렌즈로 되어 있는 오늘날의 천체 망원경을 묘사했다.

약 2백 년 전에 쿡스하펜 지역에서 이주해온 가문이며 맥주 양조업자의 아들이었던 어린 헤벨리우스는 일곱 살에 단치히에 있는 아카데미 김나지움에 다녔다. 그는 도시에 페스트가 유행되기 전까지 6년 동안 이 학교에서 공부했다. 그후 헤벨리우스는 형제들과 함께 브롬베르크(오늘날의 비드고슈치) 지역으로 보내졌고 그곳에서 폴란드어를 배웠다. 그리고 3년 후에 그는 단치히에 있는 예전의 학교로 돌아와서 수학과 천문학 연구에 몰두했다. 코페르니쿠스 학설의 신봉자였던 그의 스승 페트루스 크뤼거는 케플러의 행성법칙에 대해서도 잘 알고 있었다. 그리하여 젊은 헤벨리우스는 행성들의 위치, 월식 그리고 일식을 계산하는 법을 배울 수 있었다. 이와 더불어 요한네스는 후에 자신의 천문학 기구 조립에 필요할 수작업들, 예를 들면 나무·구리·상아 등으로 된 물건을 가공하는 법과 끌·망치·줄·조각칼을 사용하는 방법들을 배우게 되었다. 그것을 바탕으로 그는 해시계와 천구의를 만들기도 했다.

그러나 아버지는 요한네스가 단치히 시의원이 되기를 원했기 때문에 그를 대학에 보내 법률학을 공부하게 했다. 그렇지만 요한네스는 대학에 가서도 광학, 수학, 기계학 그리고 진정으로 그가 좋아하는 과목인 천문학의 지식을 늘리는 일을 게을리하지 않았다. 그는 런던, 파리, 아비뇽에 있는 학자들을 찾아가고 이들과 일생 동안 편지를 주고받았다.

단치히로 돌아온 요한네스는 거부인 맥주 양조업자의 딸과 결혼하고 건물이 세 채나 되는 장인의 양조장을 관리했다. 그리고 후에는 이 건물들의 지붕 위에 천문대를 세웠다. 케플러가 끊임없이 빈궁함에 시달렸던 것과는 달리 이때부터 헤벨리우스라고 불리게 된 헤벨케는 전혀 돈 걱정을 할 필요가 없었다. 그는 두 개의 양조장과 벽돌 제조 공장까지도 소유하고 있었기 때문이다. 그의 첫 번째 아내가 죽은 지 1년 후에 그는 엘리자베트 코프만과 재혼을 했다. 그리고 새부인이 가져온 많은 재산과 종마목장도 소유하게 되었다.

헤벨리우스는 자신의 천문대를 짓고 거기에 필요한 기구들을 직접 제작했다. 베네딕트와 바르샤바에서 부어서 만든 유리 렌즈를 자기 손으로 연마하기도 했다. 이 당시에는 그리니치나 파리에도 천문대가 없을 정도였다. 학계에서 주목받은 그의 관측은 한편으로는 공격을 받기도 했다. 영국의 물리학자인 로버트 훅은 단치히의 관측 결과가 조작된 것이라고 추측했고, 케임브리지의 학자들은 확인차 45세의 젊은 천문학자인 에드먼드 핼리Edmond Halley를 1679년에 헤벨리우스에게 보내서 천문대를 둘러보게 했다. 결과는 헤벨리우스의 승리로 끝났다. 영국의 천문학자들은 헤벨리우스의 관측 정확도가 그들에게 뒤지지 않는다는 사실을 인정해야만 했다. 그런데 같은 해에 천문대가 있는 그의 건물 세 채가 불에 타서 전소되는 일이 벌어졌다. 그의 기구들과 자료들 대부분이 파괴되고 소실되고 말았다. 천문대의 개축 작업을 위해 헤벨리우스는 폴란드 왕과 루트비히 14세로부터 지원을 받았지만 새로운 천문대는 단지 응급 수단에 불과했다.

헤벨리우스는 『셀레노그라피아』에서 공개했던 그의 달력을 통해, 그리고 혜성에 대한 연구를 통해 불멸의 인물이 되었다. 그가 세상을 떠난 후 24년 동안을 그와 함께 관찰했던 그의 두 번째 부인인 엘리자베트는 『우라노그라피아』를 발표했다. 여기에는 아마도 그에 의해 직접 완성되었을 56개의 별자리 조각판들이 들어 있었다. 또한 헤벨리우스는 뛰어난 망원경 제작자였다. 특히 단치히의 성문 앞쪽으로 향해 있는 45미터 길이의 망원경은 널리 알려져 있다.

헤벨리우스는 독일 혈통이었지만 폴란드와 독일 두 문화 모두에서 큰 영향을 받았다. 그는 성좌도를 그리기 위해 몇몇 성좌에 이름을 붙였는데, 방패자리에 이르러서는 폴란드의 왕인 얀 소비에스키(1624~98)를 기리기 위해 '소비에스키의 방패'라고 명명했고, 그래서 이를 방패자리라고 부르게 되었던 것이다.

사냥개자리가 그려져 있는 『우라노그라피아』의 지도(1960년 출간)

역사 속의 이야기

내가 보기에는 오늘날에도 독일 사람들보다는 폴란드 사람들이 그에게 더 큰 관심을 보이는 것 같다. 나는 독일의 50개 대도시를 대상으로 그의 이름을 딴 거리가 있는지 알아보았다. 베를린, 뮌헨, 함부르크, 프랑크푸르트 암 마인 그리고 뒤셀도르프, 그 어디에도 그의 이름을 빌린 거리는 없었다. 단지 하노버와 잉골슈타트에서만 그런 거리를 발견할 수 있었다. 바르샤바에는 당연히 '헤벨리우스 코 야나'라는 거리가 있다. 폴란드의 맥주 양조업자들은 오늘날에도 망원경 뒤에서 훌륭한 업적을 쌓은 자신들의 동료를 자랑스럽게 여기고 있으며 맥주병의 뚜껑에도 그의 이름을 붙이고 있다.

단치히에 가면 여러분은 헤벨리우스 거리에 있는 '헤벨리우스'라는 별 4개짜리 호텔에서 묵을 수 있다. 또한 '얀 헤벨리우스'라는 이름의 배는 1994년 1월에 50명의 승객을 태우고 스웨덴으로 가던 중에 침몰하여 신문지상에 보도된 적도 있었다.

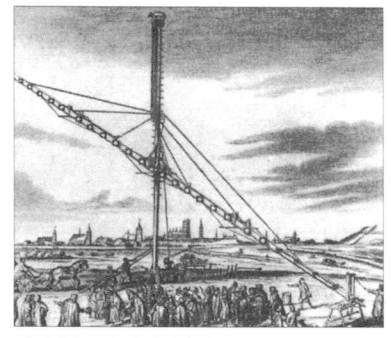
헤벨리우스의 거대 망원경

그런데 오버우어젤 출신의 뵈트 부인이 정말로 천문학자 헤벨리우스의 후손일까? 헤벨케는 독일에서 흔한 이름이다. 내가 가지고 있는 전화번호 CD롬에서는 30명이나 같은 이름을 가

폴란드의 맥주병 뚜껑

진 사람을 찾을 수 있었다. 하지만 뵈트 부인의 가문에서는 어쨌든 자신들이 헤벨리우스의 후손이라고 전해진다고 한다. 물론 그런 사실이 완벽하게 증명될 수는 없지만 말이다. 나 자신도 부인의 말을 믿는다. 뵈트 부인은 별에 대해 열정적인 관심을 갖고 있기 때문이다.

……그리고 어쩌면 그런 관심은 헤벨리우스한테서 물려받은 것일 수도 있다.

사립탐정, 윌리엄 J. 허셜

당신은 혹시 물리학자나 천문학자에게 이의를 제기해본 적이 있는가? 그와 그의 동료들이 근본적인 오류를 범했다는 사실을 설명하려고 시도해본 적이 있는가? 물론 당신이 그런 전문가를 상대로 논박하기는 쉽지 않을 것이다. 그는 다른 학자들과 마찬가지로 수년 동안 수학과 물리학을 공부했고 실험기구들도 훨씬 더 잘 다룰 것이기 때문이다. 여러분이 그런 전문가에게 맞서기 위해 내놓을 수 있는 방책이란 겨우 당신의 '상식'뿐일 것이다. 그런데 이른바 이 '상식'이란 기껏해야 일상적인 생활에서나 유용한 것일 뿐 양자역학이나 블랙홀의 변화 과정 또는 빅뱅에 관한 테마에서는 아무런 도움이 되지 않는다. 이런 분야에서는 일상적인 삶의 경험을 통해서 얻어진 '상식'은 무력할 뿐이다. 양자와 우주론의 세계는 일상적으로 경험할 수 있는 것이 아니다. 그러나 모든 학문에는 비전문가들에게 유리한 부분들도 있게 마련이다.

자신의 연구 활동에 있어서 적극적이며 활동적인 자연과학자들은 대부분 전공분야의 역사와는 그다지 사이가 좋지 않다. 같은 분야를 연구하는 세상의 수백 명의 동료들과 벌이는 경쟁에서 어깨를 나란히 하기 위해서 그들은 오로지 오늘날과 미래의 연구에만 몰두한다. 그러므로 그들에게는 오래전부터 알려져 있던 어떤 새로운 아이디어를 누가, 언제 생각해냈는지에 대해 유념할 겨를이 없다. 단지 오늘날의 새로운 것만을 중요하게 여긴다. 천문학자들도 예외는 아니다. 그래서 조금 뒤쳐진 동료에 대해 "그는 이제 늙어서 이 분야의 역사에만 관심이 있군" 하고 비아냥대기 일쑤다. 천문학에서 어느 정도 중요한 인물로 평가받기를 원하는 사람은 팽창된 우주와 은하의 중심에 있는 블랙홀에 대해 알고 있어야만 한다. 그렇지만 나선 성운이 가스 성운이 아니라 별들의 집합이라는 생각을 최초로 한 사람이 누구인지에 대해서는 별로 관심을 기울이지 않는다.

바로 여기에서 당신은 학자와의 토론에서 이길 만한 전략을 세울 수 있다. 천문학자나 천체물리학자에게 순수하게 윌리엄 J. 허셜 William J. Herschel에 대해 설명해달라고 요구해보라. 어쩌면 그는 그 이름만 들었을 뿐 확실한 설명을 아무것도 할 수 없을지도 모른다. 또는 그가 여러분에게 다음과 같이 설명할지도 모른다. "본명이 빌헬름인 윌리엄 허셜은 하노버에서 태어났다. 음악가였던 그는 영국으로 건너갔다. 그리고 애초에는 아마추어 천문가였지만 결국은 천문학을 직업으로 삼게 되었다. 그는 천왕성을 발견했고 영역별로 항성수의 분포를 조사하여 은하계의 구조를 밝혀내려고 시도했다." 만약 질문받은 사람이 이 분야의 역사에 좀더 관심이 있는 사람이라면, 허셜의 동생인 캐롤라인은 가

천왕성의 발견자, 프리드리히 빌헬름
(윌리엄) 허셜(1738~1822)

역사 속의 이야기

수인 동시에 성공한 혜성 관측자였으며 그의 아들 존 프레드릭 John Frederick도 역시 천문학자가 되어 남아프리카의 케이프타운에 천문대를 세웠다는 이야기까지도 덧붙일 수 있을 것이다.

그러면 당신은 상대방이 하는 모든 이야기를 조용히 경청하고 나서 이렇게 반격하면 된다. 그 모든 이야기가 대단히 흥미롭지만 지금 내 질문에는 맞지 않는 대답이라고 말이다.

당신은 윌리엄 허셜이 아니라 윌리엄 J. 허셜에 대해 물어본 것이라고 운을 땐 후 1833년부터 1917년까지 살았으며 인도의 랑군에서 식민지 주둔 관리를 지냈던 영국인 윌리엄 제임스 허셜에 대해 설명하면 된다. 당시 그의 임무 중 하나는 퇴역한 인도 군인들에게 매달 연금을 지급하는 일이었다. 그런데 이 일은 그에게 만만치 않은 일이었다. 왜냐하면 유럽인의 눈으로 보기에는 인도인들이 모두 비슷해 보여서 구별하기 쉽지 않았기 때문이다. 똑같은 눈, 똑같은 머리색 그리고 똑같은 이름까지 가지고 있으니 말이다. 그래서 퇴역군인들 중에는 자기 연금을 두 번이나 타먹은 사람이 있을 정도였다. 그리고 가끔씩은 영국 정부를 위해 일한 적도 없는 낯선 사람이 와서 돈을 타려고 한 적도 있었다.

허셜은 그러한 부정을 어떻게 막을 수 있었을까? 어느 날 그는 더러워진 손에서 묻어나서 나무, 유리, 종이 등에 남아 있던 손자국들을 떠올렸다. 그런 손가락 자국 속에는 직선, 곡선, 고리, 소용돌이 모양, 삼각형 등이 들어 있었다. 허셜은 지문에 대해 좀더 자세히 연구하면서 사람들이 각기 다른 지문을 남긴다는 사실을 발견하게 되었다. 그리고 모든 사람은 평생 같은 지문을 간직한다는 것도 알게 되었다. 실제로 세월이 흐르면 얼굴에는 주름이 생기고, 치아는 빠지고, 허리는 굽고, 머리카락은 하얗게 변하지만 손가락의 지문은 변함이 없다. 그래서 그는 퇴역 군인들의 연금을 지급할 때 두 손가락의 지문을 이용하여 확인하는 방법을 생각해냈다. 돈을 타러온 사람은 자신의 손가락을 종이 위에 찍고 그것의 선 모양이 이전의 수령 확인 표시와 동일해야지 돈을 탈 수 있었다.

1858년 허셜은 범죄자들의 지문을 모아놓았다. 그렇게 해서 전과가 있는 범죄자들을 알아볼 수 있는 가능성이 생겼다. 그러나 안타깝게도 그의 상사들은 그가 발견한 것의 유용함을 전혀 이해하지 못했다. 그리하여 허셜의 지문 연구는 취미에 그치고 말았다. 20년 후에야 비로소 도쿄에서 허셜과는 상관없이 지문의 의미를 알게 되었던 스코틀랜드의 한 의사가 영국의 잡지인 〈네이처Nature〉지에 이런 내용을 보고하자, 허셜도 연락을 취해 자신이 예전에 얻은 지식들을 공개했다.

케이프타운의 천문학자. 존 프레드릭 허셜(1792~1871)

그러나 한 사람의 지문이 수집되어 있는 다른 많은 지문들 중의 하나와 일치하는지를 알아보는 일은 쉬운 일이 아니다. 우리는 아마도 기껏해야 수만 개 정도를 비교할 수 있을 것이다. 때문에 많은 종류의 지문들을 정리할 수 있도록 체계를 세우는 일이 필요했다. 그런 일을 처음으로 해낸 사람은 영국의 민간학자인 프란시스 골턴Francis Galton이었다. 이 다재다능한 남자는 허셜의 작업에서 출발하여 열 개의 지문마다 나누어 10만 개의 지문 목록 카드를 수집했다. 그리고 지문에 들어 있는 삼각형, 고리, 소용돌이 등의 다양한 선 모양을 체계대로 분류하여 마치 사전처럼 정리했다. 그렇게 해서 범죄 현장에서 발견된 지문을 동일한 형태에 따라 분류하는 일이 가능해졌고 범죄자의 지문이 이미 수집된 지문 속에 있는지를 찾는 일이 훨씬 수월해졌다. 그의 노력 덕분에 지문이 경찰 수사에 큰 도움을 주게 되었던 것이다.

내가 왜 하필이면 천문학 잡지에 범죄학의 개척자인 윌리엄 제임스 허셜 이야기를 쓰고 있는 것일까? 그의 아버지가 바로 케이프타운의 천문학자인 존 프레드릭 허셜 경이기 때문이다. 그리고 천왕성을 발견한 위대한 윌리엄 허셜 경은 바로 그의 할아버지였다.

······하지만 이 사실을 알고 있는 천문학자는 아마도 거의 없을 것이다.

지문 전문가, 윌리엄 제임스 허셜(1833~1917)

초신성과 페이푸스 호수에서 일어난 도난사건

뭔가 새로운 것을 발견한 사람이라면 그에 상응하는 대가를 원하게 마련이다. 다만 수많은 학술적인 발견이 다른 발견과 다른 점은 대가가 현금이 아니라 전문가 동료들에게서 받는 존경으로 주어진다는 점이다. 그런데 그 명예가 과연 누구에게 돌아가야 하는지 결정할 수 없을 때가 종종 있다. 혹시 군첸하우젠 출신의 시몬 마리우스$^{Simon\ Marius}$가 이탈리아의 갈릴레이보다 먼저 목성의 위성들을 발견한 것은 아닐까? 동*프리슬란트의 파브리키우스^{Fabricius} 부자가 잉골슈타트의 크리스토프 샤이너$^{Christoph\ Scheiner}$보다 그리고 갈릴레이보다 태양의 흑점을 먼저 발견한 것은 아닐까? 극지 탐험가들의 경우는 승자의 표시가 단순하고도 분명하다. 남극에 첫 번째 깃발을 꽂은 사람은 아문센이었다. 경쟁자인 스콧이 그곳에 도착했을 때 그는 자신이 아문센보다 4주 늦었다는 사실을 통보받아야 했다.

예전의 학자들은 자신의 발견에 대한 우선권을 아나그람(기존 단어의 철자를 바꾸어 새 단어를 만드는 방법 - 옮긴이)을 이용하여 보호했다. 그들은 먼저 새로 발견한 사실을 간단한 문장으로 요약한다. 예를 들면 "Jupiter zeigt im Fernrohr parallele Streifen(망원경으로 본 목성에는 평행한 선들이 나타난다)"라는 문장처럼 말이다. 그런 다음 그들은 이 문장을 모두 붙여서 철자를 단순히 알파벳 순서대로 늘어놓은 다음 그 결과를 공개했던 것이다. "AAEEEEEEFFGHIIIIJLLLMNNOPPRRRSTTTUZ(원문의 알파벳을 모두 합친 다음 순서대로 각 개수만큼 써놓았다 - 옮긴이)."

물론 이 문장을 이해하는 사람은 아무도 없다. 하지만 나중에 다른 동료가 이 발표와 상관없이 목성의 줄무늬를 발견했다고 공표할 때 최초의 발견자는 그 모든 것이 이미 자신의 아나그람 속에 감춰져 있다는 것을 입증할 수 있다. 오늘날에는 천문학과 관련된 발견에서 어떤 새로운 일을 권위 있는 전문잡지나 국제 천문연맹에 최초로 보고한 사람에게 그 영예를 주고 있다. 물론 지금은 더 이상 아나그람을 쓰지 않고 전보나 E-메일을 이용한다.

나중에 밤베르크 천문대의 건립 책임자가 되었던 에른스트 하르트비히Ernst Hartwig도 일생에서 가장 위대한 발견의 우선권을 잃을 뻔한 경험이 있었다. 1895년 8월 20일 저녁어 도르파트(지금의 에스토니아의 타르투) 천문대의 관측자였던 이 34세의 천문가는 세 명의 방문객들에게 태양계에 대해 설명하고 있었다. 먼저 하나의 원반 모양이 형성되고 여기에서 후에 행성들이 생겨나며 그동안 중심부에서는 태양이 태어났을 것이라고 믿었던 당시의 지식에 근거해서 말이다. 물론 이 설명은 오늘날에도 옳은 것으로 인정받고 있지만 당시에는 하늘에 있는 타원형의 성운, 예를 들면 안드로메다 성운 같은 것이 그렇게 막 생겨나고 있는 태양계라고 믿었다.

하르트비히는 방문객들에게 이를 증명하기 위해 천문대의 대형 망원경으로 안드로메다 성운을 보여주려고 했다. 그런데 망원경을 들여다보던 하르트비히는 안드로메다 성운을 찾자마자

이렇게 외쳤다. "저기 성운 안에 벌써 중심태양이 있어요." 그의 말대로 성운의 가운데에 새로운 별이 있었던 것이다. 혹시 어떤 반사작용으로 나타난 현상은 아닐까? 하르트비히는 확신할 수가 없었다. 그런데 이때 달이 하늘에 훤히 떠올랐다. 하르트비히는 8월 31일 달이 뜨기 전에 안드로메다 성운을 다시 관찰하고 나서야 비로소 확신을 가질 수 있었다.

그러나 그때는 전화국이 이미 오래전에 문을 닫았을 시간이었다. 하지만 그는 포기하지 않고 새벽 두 시에 전화국 관리 직원에게 돈까지 쥐어주며 당시 킬Kiel에 있었던 천문학 중앙본부에 전보를 치게 만들 수 있었다. "안드로메다 대성운의 매우 특이한 변화, 일곱 번째로 큰 항성의 핵 관찰." 하르트비히는 다음 날에도 그 별을 계속해서 주시했고 9월 2일 아침에 두 번째 보고서를 우편으로 킬로 보냈다. 이 보고서는 페이푸스 호수를 지나 플레스카우로 가는 기선에 실렸다가 도착해서는 다시 기차로 연결되어 전달될 예정이었다.

에른스트 하르트비히(1851~1923)

그런데 이 편지는 수신자에게 영원히 도착하지 않았다. 보고서가 사라져버렸기 때문이었다. 초신성 보고서는 도대체 어디로 사라진 걸까? 그 수수께끼를 푼 사람은 우르바노비치의 평의회 대표였다. 그는 매일 어떤 사람이 기선의 우편함을 불법으로 열고 편지 위에 붙여진 우표들을 뜯어 팔기 위해 편지들을 가져갔다는 사실을 밝혀냈다. 하르트비히가 자신의 첫 번째 보고를 전보로 보낸 것은 얼마나 잘한 일이었는가!

이 새로운 내용이 킬에서 여러 곳으로 알려지자 안드로메다 성운 안에서 신성 종류의 핵을 보았지만 보고하지 않았던 많은 관측자들이 연락을 해왔다. 그 중에는 22세의 막스 볼프도 있었는데, 그는 후에 쾨니히슈툴에 있는 하이델베르크 천문대의 천문대장이 되었다. 당시 막스 볼프는 아버지의 천문대에서 8월 16일에는 볼 수 없었던 것을 8월 25일에 발견했다. 사람들은 이미 오래전부터 하늘에서 아주 환하게 빛을 내는 별들을 볼 수 있었다. 이런 별들은 계속해서 우리 은하계 안에서 번쩍거렸는데 그 광도가 태양의 2만 배나 될 때도 있었다. 이런 별들을 천

1천억 개의 별로 되어 있고 2백만 광년의 거리에 있는 안드로메다 성운. 1895년에 그 중심부에서 초신성이 빛을 냈다

038 문학자들은 신성^{nova}이라고 부른다.

하르트비히가 안드로메다 대성운의 신성을 최초로 발견했다는 것에 대해 이의를 제기하는 사람은 없었다. 또한 당시에는 그런 발견이 대수롭지 않게 여겨졌다. 하르트비히 신성이 육안으로 관측된 적은 없었다. 그리고 그는 자신이 실제로 얼마나 대단한 발견을 했는지 알지 못했다.

하르트비히가 세상을 떠났던 해인 1923년의 10월 5일에 에드윈 P. 허블$^{Edwin\ P.\ Hubble}$은 2.5미터의 망원경을 이용하여 윌슨 산 천문대에서 안드로메다 성운을 45분 동안 찍는 데 성공했다. 이때 그는 최초로 델타형의 세페이드 변광성을 발견함으로써 타원 성운까지의 거리를 계산하는 쾌거를 이루었다. 예전에는 사람들이 하르트비히처럼 이것이 우리의 은하계 안에 있는 가스 원반이라고 추측했다면, 이제 허블이 임마누엘 칸트까지 거슬러 올라가는 추측을 입증한 것이다. 타원 성운의 별들은 우리 은하계와 마찬가지로 멀리 떨어진 곳에 있는 단독 은하라는 사실을 말이다. 그리하여 사람들은 하르트비히의 신성에 다시 관심을 쏟기 시작했다. 그 신성이 멀리 있는 안드로메다 성운에서 빛을 내고 그것이 관측되었다면 이 별은 우리 옆에서 빛을 내는 신성들보다 훨씬 더 밝을 것이기 때문이다.

1934년에 발터 바데$^{Walter\ Baade}$와 프리츠 츠비키$^{Fritz\ Zwicky}$가 신성보다 훨씬 더 강렬한 빛을 내는 별이 있다는 것을 발견했다. 이런 별은 우리의 태양보다 최고 수억 배가 더 밝은 것으로 초신성$^{super\ nova}$이라고 부른다. 티코 브라에$^{Tycho\ Brahe}$가 1572년에 우리 은하계에서 관측했던 '신성'이 바로 이런 초신성이었다. 그리고 하르트비히의 신성도 평범한 신성이 아니라 바로 초신성이었던 것이다. 오늘날 우리는 먼 은하에서 계속 초신성이 빛을 내고 있으며 이것이 우주 물질의 화학적 융합에 결정적인 역할을 한다는 것을 알고 있다. 우리 몸 속에 있는 화학원소 중 많은 것들이 초신성 폭발에서 생겨난 것이며 이 원소들은 우주로 흩뿌려졌다. 여기서부터 다시 별이 생겨난다. 마치 45억 년 전에 우리의 태양이 그 행성들과 함께 생겨난 것처럼 말이다.

……하지만 하르트비히는 이런 사실을 전혀 예감하지 못했다.

4차원에서 온 영혼

1997년 10월 31일 저녁에도 에리히 바이스$^{Erich\ Weiss}$의 영혼은 아마도 오지 않았을 것이다. 영매(신령이나 망령과 접신하여 그들을 대신하여 말을 하는 사람 - 옮긴이)인 이레인 쿠스메스쿠스가 무던히 애써봤지만 코네티컷 주의 이스트 하담에 있는 굿스피드 오페라 하우스에 나타났다는 영혼들은 모두 에리히 바이스의 지인들에 대해 아무런 기억도 하지 못했고 봉해진 봉투 안의 편지도 읽지 못했다. 해리 후디니(Harry Houdini, 1874~1926)라는 예명으로 활동했던 에리히 바이스가 생존했던 당시에는 그의 이름만으로 홀 가득 사람들이 넘쳤고, 그런 일쯤은 쉽게 해낼 수 있었다. 하지만 그가 죽은 지 벌써 71년이 되었다. 매년 그가 죽은 날이 되면 그와 접촉을 시도해보려는 사람들이 몰려든다. 그러나 지금까지는 어떤 이유에서인지 계속 실패하고 있다.

어쩌면 그 이유는 후디니 스스로가 이런 일을 그다지 진지하게 여기지 않기 때문일지도 모른다. 그는 뛰어난 마술사였으며 특히 여러 가지 트릭을 이용해서 관객을 감탄시켰던 탈출 마술의 대가였다. 오늘날 우리는 그를 아마도 데이비드 카퍼필드 정도로 생각하면 될 것이다. 하지만 그는 유리 겔라와 같은 사람은 아니었다. 자신이 초능력을 가졌다고 주장한 적은 한 번도 없었기 때문이다. 그러나 그의 팬들은 그렇게 생각하지 않았다. 그가 초능력자라고 믿었던 사람 중에는 셜록 홈스를 만들어낸 코난 도일 경도 있었다. 코난은 초능력 현상에 대해 강한 믿음을 가지고 있었고 후디니가 그런 초능력을 가진 선택된 사람이라고 여겼다. 그러나 후디니는 영적이고 신비주의적인 현상은 마치 자신이 마술을 선보일 때 사용하는 것 같은 트릭일 뿐이라고 확신했다. 그는 몇 명의 영매들이 사기꾼임을 밝혀내기도 했다. 한 의사의 부인이자 영매인 보스턴의 '마저리'는 정말로 죽은 그녀의 오빠와 접촉했을까 아니면 그녀는 사기꾼일까? 이 문제로 마침내 도일과 후디니 사이의 우정에는 금이 가게 되었다.

19세기 후반부터는 학자들도 최면 현상이나 심령술에 대해 관심을 갖기 시작했다. 영국에서는 윌리엄 크룩스(William Crooks, 1832~1919)가 그런 대표적인 사람이었다. 화학자이자 물리학자인 그는 그 유명한 복사계(라디오미터)를 고안한 사람이다. 이 기계는 날개 같은 것이 달려 있는 작은 수레가 실험용 진공 장치 속에 들어 있고 태양광선을 쐬면 빙글빙글 돌게 되어 있었다. 그리하여 그는 진공방전관을 이용하여 사람들이 오늘날 텔레비전 브라운관에 이용되는 음극선을 이해하는 데 결정적인 공헌을 했다. 그런데 이 저명한 과학자인 윌리엄 경의 자택에서는 정기적으로 영매가 참가하는 강신술회^{降神術會}가 열렸다. 여기에 왔던 영매들 중의 한 사람은 나중에 사기꾼으로 밝혀지기도 했다. 이런 크룩스의 집에서 열렸던 실험이 1875년에 영국으로 온 한 독일인을 열광시켰다.

그가 바로 천문학자인 카를 프리드리히 쵤너^{Karl Friedrich Zöllner}였다. 그는 흔히 천체물리학의 아버지로 불리는 사람이다. 그는 지구와 우주의 물리학이 동일한 것이라고 믿었다. 아이작 뉴턴은 이미 2백 년 전에 역학과 관련하여 그런 사실을 증명했다. 그러나 역학법칙뿐 아니라 우리가 지구에서 발견한 모든 자연법칙들이 우주의 가장 먼 구석에서도 작용한다는 사실이 츨너 시대에 와서 분명해졌다. 츨너는 천체물리학의 가장 중요한 가지라고 할 수 있는 측광(photometry, 천체의 광도·휘도·조도 등 빛에 관한 양을 측정하는 것 - 옮긴이) 분야의 기초를 세웠다. 우주의 나이에 대한 의문이나 초신성 폭발 때 자유로워지는 많은 양의 에너지에 대한 현대 천체물리학의 의문들이 측광 관측을 통해 해답을 얻게 되었다. 어떤 별이 계속 변화하는지 아니면 지속적으로 일정한 밝기를 가지고 있는지에 대한 대답은 천체에서 우리 지구로 도착하는 많은 양의 에너지를 통해 얻을 수 있다. 그 에너지를 알아보기 위해서는 측정기구, 곧 측광기 또는 광도계 photometer가 필요했다. 츨너의 측광기에서는 별에서 지구로 도착한 빛이 표준광원과 비교된다. 츨너의 위대한 업적 중의 하나는 태양의 방사강도를 카펠라별(마차부자리 별의 고유명으로 겨울 북쪽 하늘의 1등성이며 황색을 띤다 - 옮긴이)의 방사강도와 비교한 일이었다. 이 두 가지의 강도는 11단계의 차이로 서로 확연히 구별된다. 츨너는 그밖에도 중요한 학술적 업적을 많이 남겼다. 그러나 나는 여기서 크룩스의 영적 실험에 대해 듣고 난 후에 변화된 전혀 다른 츨너에 대해 설명하려고 한다.

카를 프리드리히 츨너(1834~82)

오늘날 츨너의 전집 제3권을 펼쳐보

면 특이하게도 자신의 영적인 실험들과 비평가들과의 논쟁에 관한 글이 8백 쪽 이상 되는 것을 발견할 수 있다. 당시 학계가 췰너의 테마에 대해 대단히 민감하게 반응했기 때문이다. 이 책은 윌리엄 크룩스에게 헌정되었다. "우리의 학술적인 노력이 빛과 육체적 현상에 관한 새로운 분야라는 두 가지의 동일한 영역에서 기이한 운명으로 만나게 되었습니다. 그리고 이 새로운 분야는 의심할 여지없이 분명한 또 하나의 물질적이고 지적인 세계의 존재를 인류에게 예고하고 있습니다."

췰너가 자연과학자가 아니었다면 자신의 생각을 증명하려고 시도하지도 않았을 것이다. 당시는 수학자들이 막 비#유클리드 기하학을 발견했던 때였다. 평면기하학은 가능한 모든 굴곡 면에서의 2차원적 기하학들 중에서 2차원적 공간의 개별적인 경우에 해당될 뿐이다. 구면에서의 기하학 정리는 평면에서와 다르다. 그러나 달걀형이든 구형이든 또는 실린더든 모든 다양한 면의 세계들은 3차원의 공간 속에서 존재한다. 그리고 아마도 우리의 3차원적인 공간은 4차원적인 공간에 편입되어 있을 것이다. 만약 이런 4차원적 공간에 망자의 영혼들이 살고 있다면 많은 영적인 현상들을 더 잘 이해할 수 있을 것이다. 예를 들어 4차원을 통해서라면 잠겨 있는 상자에서 열지 않은 채로 그 안의 물건을 꺼낼 수도 있을 것이다.

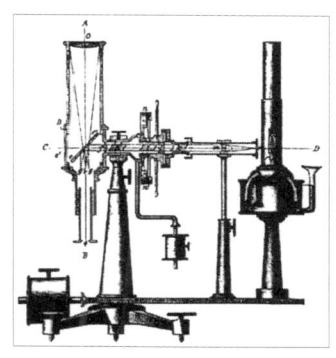

췰너의 측광기에서는 망원경(왼쪽)을 통해 관측된 별의 밝기가 인공적인 광원(오른쪽)과 비교되는데, 이 빛은 망원경의 광선경로에 반사된다

췰너는 자신의 영매였던 미국인 헨리 슬레이드Henry Slade에게 한 가지 실험을 제안했다. 그는 두 개의 흑판을 준비했는데, 이것은 마치 책처럼 여닫을 수 있도록 경첩으로 연결되어 있었다. 그는 흑판 사이에 그을린 종이를 두 장 끼워넣었다. 만약 4차원에서 온 영혼이 있다면 닫혀져 있는 흑판에 끼워진 두 장의 종이에 자신의 발자국을 남기는 것은 전혀 어려운 일이 아닐 것이라고 췰너는 여겼다. 슬레이드는 잠시 망설이다가 이 실험을 승낙했다. 강신술회가 열리는 동안 불은 꺼져 있었다. 췰너는 자신의 무릎 위에 놓여 있는 흑판이 두 번 눌리는 느낌을 받았다. 흑판을 열어보니 종이에는 두 개의 발자국이 찍혀 있었다.

그보다 앞서 물리학자인 크룩스가 그랬듯이 천문학자인 췰너도 마술 트릭에 속아 넘어갔던 것이다. 나중에 헨리 슬레이드는 사기꾼으로 밝혀졌다.

그의 동료들은 대부분 초자연적인 세계에 경도된 그의 연구를 비웃었다. 그는 이 점을 씁쓸해했고 그래서인지 말년에는 주로 논쟁적인 글들을 발표했다. 1882년 4월 25일, 췰너는 자신의 책상 위에서 죽은 채로 발견되었다. 책상 위에는 3쇄를 찍게 된 혜성에 관한 그의 저서에 들어갈 서문의 미완성 원고가 놓여 있었다.

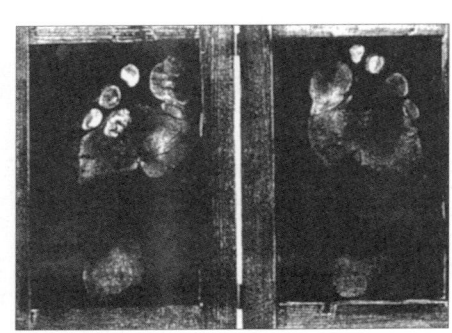

췰너의 강신술회에 나타난 영혼이 남겼다는 족적의 '증거'

두 행성에서

 1945년 여름, 제2차 세계대전이 끝난 지 몇 달 지나지 않았을 때 나는 튀링엔에 있는 존네베르크의 천문대에서 조수로 일하고 있었다. 그때 내 주머니에는 전쟁의 마지막 주에 통과한 고등학교 졸업 시험 자격증이 들어 있었고 독일의 어느 대학이든 나에게 문을 열어주기를 기다리고 있었다. 그러던 어느 날 존네베르크의 한 천문가가 두 권으로 된 쿠르트 라스비츠Kurt Lasswitz의 소설인『두 행성에서』를 나에게 빌려주었다. 나는 며칠 만에 지구와 화성인들의 만남에 대해 1897년에 쓰인 이 미래과학소설을 독파했다. 그것이 벌써 반세기도 전의 일이다. 몇 년 전부터 내 서가에는 이 소설의 개정판 두 권이 꽂혀 있다. 그러나 이 책들은 966쪽이나 되었던 원본의 분량이 각각 350쪽으로 축약되어 있었다. 분량이 줄어들면서 소설의 번잡함만이 사라진 것이 아니라 상상력이 풍부했던 작가가 이야기를 풍성하게 만들었던 상세한 내용들도 함께 사라지고 말았다. 때문에 나는 오래전부터 이 소설의 원판을 구하고자 수소문했다.

 그러던 중 인터넷에서 한 골동품 수집가가 이 책을 팔려고 내놓은 사실을 알게 되었다. 가격은 35마르크, "변색되어 약간 얼룩이 있음"이라는 설명이 덧붙여 있었다. 며칠 후에 나는 이 책을 손에 넣을 수 있었다. 이 책의 최초 소유자는 제목이 있는 자리에 "H. 와플러 시니어, 1913년 크리스마스"라고 써놓았다. 그리고 1년 반 후에 제1차 세계대전이 시작되었다. 와플러 시니어 씨가 또는 그의 아들이 전쟁에 참전해야만 했던 것은 아닐까? 아마도 와플러 가족은 중부 독일에 살았을 것이다. 이 책이 제2차 세계대전 중에 소실되지 않고 사회주의의 세월도 잘 견뎌내고서 마침내 국가적 변화 후에 마그데부르크에 있는 골동품 상인의 손에 들어가게 된 것을 보면 말이다.

쿠르트 라스비츠는 1848년 브레슬라우에서 태어났다. 그의 아버지는 제조업자이자 상인이었고 오랫동안 프로이센 주 의회의 민주당 의원을 지냈다. 1866년에 젊은 라스비츠는 대학에서 수학과 물리학 공부를 시작했다. 그리고 후에 수학, 물리학, 철학, 지리학 과목에 대한 교사 자격증을 받았다. 또한 물리학에서 박사학위를 받고 1876년에 고타에 있는 김나지움의 교사가 되었다.

1888년에 베를린의 한 학생이 그리스어 과목의 성적이 부진하여 학급 진도를 따라가지 못한다는 이유로 보충 수업을 받기 위해 고타로 갔다. 이런 조치가 학생에게 효과가 있었는지 그는 베를린으로 돌아와서 고등학교 졸업 시험을 통과할 수 있었다. 이 학생이 바로 한스 도미니크^{Hans Dominik}인데, 그는 1930년대 독일어권에서 가장 성공한 과학소설 작가가 되었다.

쿠르트 라스비츠(1848~1910)

1892년에 화성이 지구에 가까이 왔을

때, 라스비츠는 망원경으로 행성 표면에서 일어나는 현상을 관찰했다. 아마도 이 화성의 충(opposition, 지구에서 볼 때 달이나 화성보다 먼 외행성·소행성 등이 태양과 정반대 방향에 있을 때도 화성은 이 무렵 지구에 가장 가까이 접근하며 광도도 밝아지므로 표면 관측이 가능하다 - 옮긴이) 현상이 그가 작품을 집필하는 동기가 되었을 것이다. 1897년에 독일어권에서 최초의 위대한 과학소설인 라스비츠의 『두 행성에서』가 출간되어 베스트셀러가 되었기 때문이다. 1년 뒤에 영국에서 화성인과 지구인의 만남에 대한 또 하나의 위대한 소설이 나왔다. 바로 H. G. 웰스의 『세계들 간의 전쟁』이었다. 라스비츠 작품에서 지구인들과 정신적으로 논쟁을 벌였던 화성인들과는 반대로 웰스의 작품에 등장한 화성인들은 의사소통이 불가능한 잔인한 킬러들이었다. 오늘날 웰스의 소설이 라스비츠의 소설보다 더 널리 알려져 있다는 사실은 화성인들의 정체가 어떻다는 것을 알려주는 것이 아니라, 바로 우리 지구인들이 어떻게 사고하는지를 알려주는 셈이다.

  라스비츠 소설의 주요 무대는 고타다. 작가는 책에서 이 도시를 '프리다우'라고 불렀고 아마도 고타에 있는 프리덴슈타인 성을 염두에 두고 쓴 것으로 보인다. 또한 소설 속의 인물들도 고타 출신의 친구들과 동료들이며 단지 이름만 바뀌어 등장한다. 쿠르트 라스비츠가 생각했던 화성인들은 정신적으로 인류를 능가하고 기술적으로 앞서 있었다. 그들은 민주주의자들이었고 화성에는 이미 오래전부터 전쟁이란 것은 존재하지 않았다. 그들은 지구에 도착하여 독일에 있는 병영을 폐쇄하고 그 건물에다 시민대학을 열었다. 인간들을 화성의 발전 수준으로 끌어올

리려고 했던 것이다.

평화주의의 경향이 강한 이런 작품은 당연히 후에 국가사회주의자들에게는 눈엣가시 같은 존재일 수밖에 없었다. 그때까지 이 소설은 독일어판만 7만 부가 팔렸고 여러 외국어로도 번역되어 출판되었다. 그런데 1935년 나치 독일은 고타에 있는 '쿠르트 라스비츠 백'이라는 거리 이름을 '브람스 백'으로 변경했다. 그리고 1948년이 되어서야 비로소 프리덴슈타인 성의 공원에 있는 거리에 그의 이름이 붙여졌다. 브람스 백보다는 훨씬 더 소박한 거리였다.

한편 임마누엘 칸트에게 깊은 인상을 받았던 라스비츠는 화성에 관한 소설과 함께 일련의 '학술적 동화'와 수많은 철학적

제1차 세계대전 전에 출간된 라스비츠 소설의 원본. 1·2편이 한 권으로 묶여 있다

원판이 출간된 지 1백 년 후인 1998년에 하이네 출판사에서 자세한 주해를 첨가해 출간한 신판

역사 속의 이야기

논문들을 썼다. 나는 그의 많은 글 중 두 권의 저서에서 글을 인용했다. 그것은 두 권짜리 책인 『원자론 이야기』와 독창적인 단편인 「일반 도서관」이다. 그 중 특히 후자는 그의 최고 작품으로 여겨지고 있다.

라스비츠는 학자들의 엄격한 자연과학적 사고와 작가의 상상력 넘치는 서사 능력을 잘 조화시켰다. 그는 스무 살 더 많은 쥘 베른(Jules Verne, 1828~1905, 해양과학소설의 고전인 『해저 2만 리』의 저자-옮긴이)이 세상을 떠난 지 5년 후인 1910년에 고타에서 세상을 떠났다. 오늘날 독일의 과학소설 작가들은 라스비츠의 업적을 높이 평가하고 해마다 여러 분야에서 쿠르트 라스비츠 상을 수여하고 있다. 그러나 함께 수여하는 상금이 없다는 점이 조금 안타깝다.

나는 아주 반가운 마음으로 이 오래된 책을 두 번째로 읽었다. 그리고 이 책을 다시 읽은 김에 소설의 무대가 된 도시를 방문하게 되었다. 한 젊은이의 안내로 라스비츠가 작품 속의 프리다우에서 사건을 전개시켰던 고타의 장소들을 둘러봤다. 나는 또한 그가 32년 동안 가르쳤던 김나지움인 에르네스티눔(정식 이

오늘날 고타에 있는 프리덴슈타인 성의 공원에 있는 쿠르트 라스비츠 팻말 거리

름은 Das Gymnasium Ernestinum Gotha로 약 5백 년의 역사를 가진 대단히 유서 깊은 학교다-옮긴이)도 방문했다. 그리고 소설 작가에게 좋은 본보기가 되었던 고타의 두 군데 천문대에도 가봤다. 공작령의 성에 있는 연구 도서관에서는 손으로 쓴 그의 소설 원고를 볼 수 있었다. 또한 그의 탄생 150주년을 기념하여 1998년에 뮌헨의 하이네 출판사에서 축약되지 않고 상세한 주해가 첨가된 개정판이 출간되었다는 사실을 알게 되었다. 고타를 방문했던 일은 내가 50년 전부터 존경해왔던 작가를 더욱 가까이 느끼는 기회가 되었다.

……그리고 나는 그의 무덤에 한 다발의 꽃을 놓고 돌아왔다.

아모르와 지구-태양 사이의 거리

 오늘 나는 우편함에서 한 장의 광고지를 발견했다. PC, 64메가바이트 램 그리고 6.4기가바이트 하드 디스크 드라이브, 가격 1,399마르크. 내가 45년 전에 처음으로 프로그래밍을 시도했던 전자계산기를 생각하면 이건 공짜나 다름없는 가격이었다. 내가 처음으로 프로그래밍을 시작했던 때는 괴팅엔에 있는 막스 플랑크 물리학 연구소의 천체물리학과에서 G1을 사용하고 있었다. 최초의 전자계산기 중의 하나였던 G1을 연구소에 설치한 사람은 컴퓨터의 개척자인 하인츠 빌링$^{Heinz\ Billing}$이었다. 그때만 해도 컴퓨터는 기성품처럼 쉽게 살 수 있는 것이 아니었다. 빌링은 오늘날 사용되는 하드 디스크의 전작인 자기드럼 기억장치를 만든 사람이었다.

 G1은 서로 연결되어 있는 회로와 여러 개의 받침대들로 구성되어 있었다. 그리고 이 받침대들은 진공관들과 계전기로 꽉 차 있었다. 계산 작업 동안에는 덜커덩거리는 소음과 함께 계전기들이 열렸다 닫혔다 하기를 반복했다. 자기드럼 기억장치에는 모두 26개의 열 자리 숫자들을 위한 자리가 있었다. 자료의 출력은 펀치 테이프 프레스기 또는 텔레타이프에 의해 선택적으로 이루어졌다. 덧셈과 곱셈이 처리되는 데는 평균 2초가 걸렸다. 당시 연구소 직원들은 우주로부터 와서 지구 자기장에서 길

을 잃은 미립자들의 복잡한 통로를 계산하고 있었다. 밤새도록 계전기는 덜컹거렸고 텔레타이프는 숫자를 찍어냈으며 펀치들은 몇 미터나 되는 펀치 테이프를 찍고 있었다.

그러던 중 1954년에 빌링의 G2가 나왔다. 그것은 G1보다 훨씬 더 보강된 장치였다. 계전기 대신에 소음이 없는 전자 스위치가 설치되었다. 자기드럼은 1,728개의 메모리 셀을 지니게 되었는데, 이 셀에는 각기 하나의 숫자나 두 개의 명령이 수용된다. 그러나 여전히 진공관이 계산 과정을 제어했고, 입력과 출력은 계속해서 펀치 테이프와 텔레타이프를 통해 이루어졌다. 이 장치는 초당 20개의 계산 작업을 처리할 수 있었다. 비교를 해보자면 현재 4년이 넘은 내가 쓰는 PC는 초당 2만 1천 건의 계산 작업을 처리한다. 이때까지는 아직 전자계산기가 천문학 분야에 도입되지 않은 상태였다. 그런데 과연 이런 기계들이 천문학 분야에 적합한 것일까? G2의 경우에는 1955년에 그 답을 알아낼 기회가 왔다.

1951년 11월에 막스 플랑크 재단(MPG) 최초의 컴퓨터인 G1을 보기 위해 고위 인사들이 공식 방문했다. 왼쪽부터 필수품이던 시가를 들고 있는 연방 대통령 테오도르 호이스, 루드비히 비어만, 당시 MPG의 사무총장 오토 베네케, 당시 MPG의 이사장 오토 한 그리고 베르너 하이젠베르크.

역사 속의 이야기

빛이 출발지에서 우리의 관측기에 닿을 때까지 통과하는 공간의 거리를 알아보기란 쉽지 않다. 일반인에게도 관측이 가능했던 마지막 초신성은 얼마나 강렬한 빛을 냈을까? 우주의 나이는 얼마나 되었을까? 이런 의문에 대한 해답은 우주의 거리에 달려 있다. 천문학자들의 미터 원기는 지구와 태양 사이의 거리다. 천문학자는 이것을 기준으로 그 옆에 있는 별들까지의 거리를 밝히고, 또 이 별들에서 더 먼 별들의 거리를 알아낼 수 있으며, 성단·은하·은하단까지의 거리도 파악한다. 그런데 천문학적인 미터 원기의 검정 작업은 쉽지 않다. 18세기 후반에 베를린의 천문학자인 요한 고트프리트 갈레Johann Gottfried Galle는 지구에 가깝게 지나가는 소행성들을 목표로 해서 이들의 거리를 측정하는 방법을 제안했다. 이 소행성들의 움직임과 이들과 지구 사이의 거리를 통해 태양과 소행성들과의 거리, 동시에 지구와 태양 사이의 거리를 알 수 있다는 것이다. 그는 이 방법을 위해 두 개의 소행성을 추천했다. 바로 에로스와 아모르였다. 곧 천문학자가 지구와 태양 사이의 거리를 알아내는 데 에로스와 아모르가 중요한 역할을 할 수 있다는 말이다. 1956년 3월에 소행성인 아모르가 다시 지구에 근접한다고 알려져 있었다. 이를 위해서 관측자들은 이 작은 행성이 정확히 천체 어디에 있는지 알아야만 했다.

수세기 전부터 천문학자들이 발전시킨 천체 움직임의 계산 방식은 태양과 대행성들의 중력계로부터 영향을 받는 것이었다. 그런데 기계적이고 전자적인 탁상용 계산기의 발전과 함께 이러한 계산 방식이 새로운 도구에 적응할 수 있게 되었다. 당시 베를린-바벨스베르크(지금의 하이델베르크)에 세워져 있던 천문학 계산 연구소의 직원들은 행성 천체력 계산의 경험이 많았다. 그리고 아모르의 지구 접근이 이루어지기 1년 전에 본격적인 작업이 시작되었다. 그런데 당시에 괴팅엔에서 G2가 가동되고 있었으므로 아모르의 궤도를 계산하는 데 막스 플랑크 연구소의 천체물리학자들을 초청하자는 제안이 나왔다. 이제 그렇게 말이 많던 새로운 기계가 실제로 어떤 성과를 낼 수 있는지 한번 보자는 것이었다. G2가 가동되던 괴팅엔의 천체물리학자인 페터 슈툼프Peter Stumpff와 슈테판 테메스바리Stefan Temesvary 그리고 물리학자인 아르눌프 쉴뤼터Arnulf Schlueter와 수학자인 콘라드 예르겐스Konrad Joergens는 아직 천체역학 계산을 한 적이 없었다. 하지만 그들의 작업이 그리 어려운 일은 아니었다. 그들에게 주어진 일은 익히 알려진 수학적 과제, 즉 일반적인 미분 방정식을 푸는 일이었다. 문제의 해결 방법은 교과서에 모두 나와 있었다. 그리고 만약 작업 시간이 그렇게 문제가 되지 않는다면—작업은 결국 기계가 한다—그동안 탁상용 계산기를 위해 개발된 방법을 사용할 필요도 없고 방정식을 이제까지 잘 알려진 방식에 따라 풀 수도 있었다. 그러나 괴팅엔 학자들이 G2를 이용해서 계산한 결과는 바벨스베르크에서 고전적인 방식에 따라 계산된 천체력과는 분명한 차이를 보였다. 그래서 바벨스베르크 연구소의 소장은 1955년의 연감에 쓰기를, 바벨스베르크의 K 박사가 계산 작업을 했으며, 괴팅엔에서 이루어진 기계를 이용한 계산도 참고할 만한 것이었다고 했다. "기계 설치상의 어려움 때문에 괴팅엔의 작업에서는 방해하는 행성들의 위치를 파악하는

데 소홀함이 있었다. 이 때문에 기계 작업이 아주 환영할 만한 일이긴 하지만 단지 K 박사의 결과를 계속적으로 컨트롤하기 위해서만 이용할 뿐이었다"고 폄하하며 생색내듯 썼다. 어쨌든 이런 표현은 앞으로 계산 작업을 컴퓨터에게 위임해도 좋다는 권유와는 상당한 거리가 있었다.

그리고 마침내 아모르가 접근해왔다. 과연 그 별은 하늘의 어디에 있었을까? 바벨스베르크 연구소가 아모르의 자리라고 확신했던 바로 그곳에? 아니었다. 아모르는 G2가 정해놓은 바로 그 자리에 있었던 것이다! 그리하여 다음해 바벨스베르크의 연감에서는 다음과 같은 내용이 실렸다.

"지금 내릴 수 있는 판단으로는 최고의 정확성을 요구하는 계산에서는 기계가 손으로 하는 계산을 능가한다고 볼 수 있다."

오늘날의 시각으로 보기에 그것은 당연한 이치다. 하지만 아무리 자명한 이치라고 해도 언제나 쉽게 관철되는 것은 아닌 듯하다.

평판 스캐너가 아직 사람이었을 때

언제나 마찬가지다. 작업실에 쌓여 있는 오래된 인쇄물들과 그림들을 정리하다 보면 난 금방 원래 계획했지만 잊고 있었던 어떤 흥미로운 것과 만나곤 한다. 오늘은 내 손에 그림 한 장이 잡혔다. 그 그림은 아마도 예전에 만들어진 최초의 컴퓨터 그래픽 중 하나였을 것이다.

이야기는 50년대로 거슬러 올라가서 괴팅엔의 초기 막스 플랑크 물리 연구소에서 시작된다. 당시 이 연구소는 노벨 물리학상 수상자인 베르너 하이젠베르크Werner Heisenberg가 소장을 맡고 있었다. 그리고 천체물리학과를 이끌던 사람은 루드비히 비어만Ludwig Biermann이었다. 이 연구소에 독립적으로 전자계산기가 설치되었던 것도 그의 공이었다. 물론 그 기계는 당시로서는 거창한 것이었지만 앞의 이야기에서 설명했듯이 요즘 시각으로 보면 석기시대의 장치 정도에 불과한 것이었다.

1957년 3월에 비어만은 50번째 생일을 맞이하게 되었고 동료들은 이미 몇 주 전부터 어떻게 그를 기쁘게 만들 수 있을지 고민하고 있었다. 이때 누군가 당시 연구소의 새로운 컴퓨터였던 G2로 그의 얼굴을 인쇄해서 선물하자는 아이디어를 냈다. 오늘날이야 이런 일은 손쉬운 일이다. 사진 한 장을 가져와서 스캔하여 출력하기만 하면 되니 말이다. 평판 스캐너와 프린터가 자

역사 속의 이야기

신의 PC에 연결되어 있는 사람이면 누구든지 할 수 있는 일이다. 그러나 당시에는 스캐너도, 프린터도 없었다. 다만 G2에는 출력장치로서 텔렉스 교신을 위해 설치되었고 활자를 인쇄하는 로렌츠 텔레프린터가 들어 있었다. 이 텔레프린터는 숫자와 문장 부호는 종이에 인쇄할 수 있었다. 그러나 그것뿐이었다. 회색을 단계별로 표현하거나 색깔을 내는 일 따위는 전혀 생각할 수조차 없었다. 그런데 당시 박사과정의 학생이었고 후에 천체물리학을 위해 중요한 기여를 하게 될 두 사람, 프리드리히 마이어Friedrich Meyer와 헤르만 울리히 슈미트Hermann-Ulrich Schmidt는 도와줄 방법을 알고 있었다.

연구소 축제에 참가한 학자들. 왼쪽이 루드비히 비어만, 오른쪽은 카를 비츠(1919~94)

이 프린터가 인쇄할 수 있었던 다양한 기호들은 마찬가지로 다양한 양의 검정색 인쇄잉크를 필요로 했다. 곧 빈칸은 하얀색이었고, 점이나 쉼표는 밝은 회색으로 인쇄되었다. 그리고 숫자와 철자가 있는 칸은 조금 더 어둡게 나타났다. 이 프린터는 또한 같은 칸에 두 개의 기호를 겹쳐서 인쇄할 수도 있었다. 그래서 9위에 8을 덮어 치면 거의 완전한 검정색으로 보였다. 그렇게 하여 출력상의 명암 문제

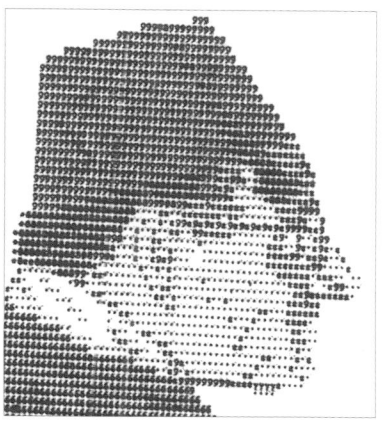
비어만의 얼굴을 표현한 컴퓨터 그래픽

는 어느 정도 해결되었다. 이제 입력이 문제였다. 이 두 명의 박사과정 학생들은 언젠가 있었던 연구소 축제에서 찍은 비어만의 흑백 사진을 구해왔다. 사진 속에서 그는 측면의 모습으로 터키식의 모자를 쓰고 있었다. 그러나 이 사진을 어떻게 컴퓨터 안에 넣는단 말인가. 그런데 마이어와 슈미트는 이 문제를 해결할 방법도 알고 있었다. 그들은 사진의 슬라이드를 만들었다. 이것을 하얀 영사막에 투영시키자 막 위에는 수많은 작은 정사각형들이 나타났다. 그리고 앞에서 말했던 두 사람 중의 한 사람이 스캐너 역할을 직접 했던 것이다. 이 역할을 맡은 사람은 줄별로 정사각형들을 자세히 검토했고 각각의 칸에 대해 사각형 안에 투영된 사진의 중간 밝기를 어림잡아 표시했다. 다른 사람은 그 밝기를 기호로 전환했고 그에 상응하는 명암을 표현했다. 기호들은 펀치 테이프에서 새겨졌고, 거의 모든 것이 잘 되어가는 것 같았다. 그런데 인쇄된 줄의 간격이 한 줄에 있는 기호들의 간격보다 더 컸다. 그래서 인쇄된 사진이 일그러졌다. 하지만 이 문제는 영사막을 비스듬하게 세워서 그림이 수평으로 늘어지게 함으로써 해결되었다. 그렇게 해서 줄 사이와 철자 사이의 동일하지 않은 간격을 보강했던 것이다.

생일날 아침에 사람들은 루드비히 비어만을 G2 앞까지 데려왔고 버튼 하나를 누르라고 말했다. 그가 단추를 누르자 판독장치가 준비된 펀치 테이프를 더듬어 찾고 그 사이 비어만은 텔레타이프에서 줄줄이 그의 사진이 나타나는 것을 바라보고 있었다.

나는 이 선물이 당시 독일의 위대한 천문학자 중 한 사람에 대한 진정한 경의의 표시였다고 생각한다. 나는 학창시절에 그의 이름을 처음 듣게 되었다. 당시 나는 여름방학 동안 튀링겐에 있는 존네베르크의 천문대에서 조수로 일할 수 있는 행운을 얻었다. 언젠가 나는 한 젊은 벨기에 천문학자와 이야기를 나누게 되었다. 어떤 테마였는지 기억할 수는 없지만 그는 천문학 문제로 고민하다가 그곳으로 오게 된 사람이었다. 난 그때 그 벨기에 사람이 한 말을 아직도 기억한다.

"비어만은 바벨스베르크의 학술 토론회에서 벌써 그것을 추측하고 있었어."

그에게는 비어만이라는 이름은 절대 권위의 상징이었던 것이다. 32년 후에 내가 막스 플랑크 재단에서 비어만의 후임자가 될 것이라는 것을 그때는 전혀 예감하지 못했다.

루드비히 비어만은 플라스마 물리학의 방법을 천문학의 대상에 사용했던 최초의 사람들 중의 한 명이었다. 예를 들어서 그는 태양 흑점의 온도가 주변과 비교해서 더 낮은 것은 흑점에 강력한 자기장이 형성되기 때문임을 알고 있었다. 비어만은 이미 우주여행 전에 태양에서 행성 사이의 공간을 향해 방출되는 플라스마의 흐름이 있다는 사실을 발견했다. 이러한 흐름은 혜성에서 흘러나오는 가스가 마치 바람 속의 깃발처럼 방향을 취하게 만든다. 혜성의 꼬리가 혜성의 비행 방향과는 상관없이 항상 태양과 반대쪽을 향하는 것은 바로 이 흐름 때문이다. 수년 후에야 비어만의 이 '태양풍^{solar}

루드비히 비어만(1907~86)

wind'은 무인 우주 탐측기를 통해 입증되었다. 오늘날 막스 플랑크 플라스마 물리학 연구소와 우주 물리학 연구소는 비어만과 동료 연구원들의 노력에 의해 만들어진 것이다.

그런데 특이한 점은 독일에서 천문학에 컴퓨터를 처음으로 도입했던 비어만은 한번도 컴퓨터에서 일한 적이 없었다는 것이다. 그는 편지봉투 뒷면에 쓸 수 있을 정도의 단 몇 줄짜리 메모만으로 충분히 연구와 고찰을 수행할 수 있었다. 그에게는 컴퓨터가 필요하지 않았다. 10까지 자연수의 대수를 머릿속에 넣고 있는 것만으로 충분했던 것이다. 그의 대략적인 계산은 어림잡기였지만 물리적인 과정에서 어떤 것이 중요하며 어떤 것을 우리가 무시해도 좋은지를 파악하는 데 충분했다. 그런 다음 그는 연구원들에게 컴퓨터를 어떻게 프로그램해야 할지 말해주었다. 그리하여 그 스스로는 프로그램 오류를 찾는 고생 같은 것은 할 필요가 없었다.

루드비히 비어만은 어쩌면 한번도 컴퓨터를 만져본 적이 없을지도 모른다. 바로 그 생일 선물 덕분에 버튼 하나를 눌러봤을 뿐이다.

……그리고 바로 그런 점이 그를 완벽하게 만들었다.

제2장 확인되지 않은 이야기

성자 베네딕트와 일식

 레겐스부르크에서 오는 길에 도나우 강을 거슬러 올라가다보면 켈하임의 남서쪽으로 벨텐부르크 베네딕트 수도원과 만나게 된다. 이 교회는 코스마스 다미안(Cosmas Damian, 1686~1739)과 에지드 크뷔린 아잠(Egid Quirin Asam, 1692~1750) 형제에 의해 건축된 것으로 후기 바로크 미술과 로코코 미술의 경계에 있는 걸작이다. 몇 년 전에 처음으로 이 교회에 들어섰을 때 나는 왼쪽 석벽에 있는 제단화祭壇畵에 매료되었다. 그림 속에서 성자 베네딕트는 감동한 모습으로 하늘을 바라보고 있었다. 거기에는 구름과 천사들 사이에 검은 원반이 있는데 밝은 광곤光昆으로 둘러싸여 있다. 그런 모습을 나는 몇 년 전 이탈리아에서의 개기 일식(태양이 달에 의해 완전히 가려지는 현상 - 옮긴이)에서도 본 적이 있다. 당시 달의 검은 원반이 몇 분 동안 태양을 완전히 덮었으며, 그 때문에 주변은 희미하게 빛나는 코로나(태양 주위에 펼쳐진 희미한 빛 - 옮긴이)가 나타났다. 제단 위의 그림처럼 말이다. 단지 천사들만이 없었을 뿐이다. 그렇다면 화가가 개기 일식의 목격자였다는 것은 의심할 여지가 없다!

 나는 교회를 안내했던 미술역사가에게 화가가 개기 일식을 목격했는지 물어보았지만 소용 없었다. 그림 속에서 성자 베네딕트가 어떤 높은 탑 위에 올라간다는 것은 분명하며, 거기서

064 성자는 매우 깊은 감동을 받을 만한 어떤 현상을 체험했을 것이라고 했다. 하지만 일식과는 아무런 관계가 없다는 것으로 그의 설명은 끝났다. 그렇지만 내게 중요한 것은 성자가 아니라 이 화가가 개기 일식을 보고 난 후에 이 그림을 그린 것이 확실하다는 사실임을 그는 이해하지 못했다.

아잠 형제가 개기 일식을 정말 목격했을까? 언제 그리고 어디서? 나는 『식蝕 사전』을 들춰보았다. 이 책은 빈의 천문학자인 테오도르 폰 오폴처Theodor von Oppolzer가 여러 명의 공저자들과 함께 편집하여 1887년에 출간했다. 이 책에 대해서는 다음 이야기에서 더 자세히 언급할 것이다. 이 책에는 기원전 1207년부터 기원후 2161년까지 8천 건의 일식과 5천2백 건의 월식에 대한 상세한 정보와 예측이 들어 있다. 그 중에서 아잠 형제의 일생 동안에 일어난 것은 1706년 5월 12일에 있었던 일식뿐이다. 당시에 코스마스 다미안은 20세였고, 그의 동생은 14세였을 것이다. 그러나 오폴처의 지도에는 당시의 일식이 단지 뷔르츠부르

개기 일식. 달이 태양을 완전히 뒤덮기 직전에 보이는 태양 왼쪽 가장자리 아래의 마지막 빛

벨텐부르크 수도원에 있는 베네딕트 제단의 제단화

크의 북쪽에서만 완전하게 이루어진 것으로 나타나 있다. 형제 중의 한 사람은 거기에서 이런 장관을 목격했을지도 모른다.

이런 의문을 지닌 상태에서 나는 1987년에 『엄청난 세계들』이라는 저서를 출간하게 되었다. 이 책에서 나는 앞서 말한 추측에 대해 언급했다. 두 형제 중 한 명이 1706년의 개기 일식을 목격했을 것이다. 그러나 그들 중 한 명이 과연 1706년 5월 12일에 북부 독일에 있었을까? 나는 거기에 대한 증거를 제시하지는 못했다.

후에 나는 1999년의 개기 일식이 다가오자 지나간 개기 일식에 대한 자료들을 수집하기 시작했다. 이때 나는 인터넷에서 독일어권의 일식에 대한 기록들을 발견했고 그 내용을 보고는 깜짝 놀라고 말았다. 1706년의 일식은 북부 독일이 아니라 남부 독일에서 일어났던 것이다. 오폴처의 책에 나온 지도가 틀렸던 것이고, 바이에른에서도 당시 개기 일식이 관측되었다. 아마도 1706년에 감탄하는 군중들 속에 아잠 형제도 서 있었을 것이다. 1999년 8월 11일에 유럽은 다시 개기 일식을 경험하게 된다. 아잠 형제가 느낀 감동을 눈으로 확인하고 싶은 사람은 그때 벨텐부르크 수도원을 방문해서 나름대로 판단을 내려볼 일이다.

빈의 천문학 사무소 소장인 헤르만 무케는 아마도 오폴처가 개기 일식의 한계선을 정확하게 계산했을 것이며, 단지 인쇄 기술의 이유로 그의 지도에서 선이 잘못 그려졌을 것이라는 점을 강조했다. 1999년 8월 11일의 일식과 관련해서 출간된 책에서 카를 아우구스트 카일은 1706년의 일식을 계기로 그려진, 바이에른 지방의 또 다른 두 곳의 교회에 있는 그림들에 대해 언급했다. 그에 따르면 쉬로벤하우젠 근처의 마리아 바인베르크 교회에는 검은 태양과 함께 십자가에 못 박힌 그리스도상이 있고, 아우구스부르크 근처의 오버쉔펠트 수도원에 있는 성자 베네딕트의 그림에도 벨텐부르크에서처럼 하늘에 검은 원반이 그려져 있다.

일식의 수호자

1998년 2월 25일 베네수엘라의 마라카이보 : 저녁이 되자 나는 잡지 〈빌트 데어 비센샤프트 Bild der wissenschaft〉의 단체 여행객이 예정되어 있는 개기 일식을 관찰할 수 있도록 대기시킨다. 그리고 내일 태평양에서부터 남아메리카의 최북단 위에, 그러니까 우리가 지금 이 순간 저녁식사를 기다리고 있는 바로 이곳의 하늘에서 펼쳐질 개기식의 한계선 지도를 슬라이드로 보여준다. 우리에게 일식 한계선을 보여주는 이 지도는 121년이나 된 것이다. 이 순간 나는 침묵하던 청중들의 감탄의 소리를 듣는다.

지구와 달이 움직이는 법칙은 몇 세기 전부터 알려져 있다. 그리고 이 법칙에 따라 일식을 계산하는 방법은 천문학자들에 의해 지속적으로 개선되어왔다. 1887년 빈에서는 오스트리아에서 연구하던 천문학자 테오도르 폰 오폴처의 『식 사전』이 출간되었다. 오폴처는 원래 의학을 공부했지만 처음부터 천문학에 관심을 갖고 있었다. 앞의 이야기에서 나는 이미 오폴처의 주요 저서인 『식 사전』에 대해 언급한 바 있다. 오

테오도르 리터 폰 오폴처(1841~86)

068 오폴처는 언제, 어디서 일식이 일어났으며 또 앞으로 일어날 것인지 계산하는 협력팀을 가동시켰다. 그런데 이때 인원이 여러 명이다보니 가벼운 계산 착오가 생길 위험이 있었다. 그래서 오폴처는 한 가지 일식에 대해 두 개의 팀을 만들어 활동하도록 했다. 두 그룹이 서로 독립적으로 계산해서 똑같은 결과에 도달했을 때만 그 사항이 카탈로그에 기입되었다. 그러나 천문학의 대가였던 그는 이 책의 출간을 직접 보지 못했고 단지 교정쇄만

헤르만 무케

장 미우스

프레드 에스페냑

볼프강 슈트릭링

구경했을 뿐이었다.

오폴처의 사전은 120년 전에 출간되었다. 그 사이 천문학자들은 달의 움직임을 보다 잘 예측할 수 있게 되었다. 컴퓨터라는 기계가 생긴 뒤부터 복잡하고 끊임없이 반복되는 계산 과정을 이 기계에 맡길 수 있게 되었기 때문이다. 빈은 일식과 특별한 관계가 있다고 할 수 있다. 1979년에 월식에 대한 정보를 다룬 『월식 사전』이 출간되었고, 4년 뒤에는 일식에 대한 정보를 다룬 『일식 사전』이 출간되었다. 빈의 천문학 사무소 책임자인 헤르만 무케가 벨기에의 천문학자인 장 미우스와 함께 쓴 이 책은 오폴처의 저서를 따르는 데 그치지 않고 12세기 동안의 정보를 다룸으로써 그 범위를 훨씬 더 확장시켰다. 무케의 가장 큰 업적은 퀘이사(quasar, 준성準星, 천체 사진에서 별과 같이 보이지만 별은 아니기 때문에 이렇게 부른다―옮긴이), 블랙홀, X선별(X-ray star, 강한 X선을 복사하는 점의 형태를 띤 천체를 말한다―옮긴이)에 대해 이야기하는 시대에 고전적인 천문학에 많은 비전문적인 애호가들이 쉽게 접근할 수 있도록 한 점이다. 이것은 오늘날 허블 우주 망원경을 통해 얻은 최근의 컬러 사진들이나 화성을 배경으로 한 장난감 자동차의 사진을 슬라이드로 보면서 천문학의 주제에 대해 발표하는 것보다 훨씬 더 어려운 일이라고 할 수 있다.

미우스와 무케가 만든 이 두 가지 카탈로그의 2쇄와 3쇄부터는 하젠바르트가세에 있는 천문학 사무소에서 구입할 수 있다. 『일식 사전』과 관련해서 그문덴에 있는 아이스너 천문대의 카를 실버에 의해 제작된 두 개의 프로그램(CANON과 SOFIME)이 들어있는 디스켓이 있다. 이 두 가지 프로그램은 DOS에서 가동되는

데, 이것을 이용하면 각각의 일식 과정을 보다 정확하게 연구할 수 있다.

그렇지만 달의 움직임에 대해 안다고 해서 일식 프로그램이 좀더 정확해지는 것은 아니다. 많은 사람들이 놀랄 일이겠지만 일식의 가장 큰 불확실성은 불규칙적인 지구의 회전에 의해 초래된다. 지구는 달에 의해 일어나는 밀물과 썰물 때문에 제지를 당하는 동시에 다른 한편으로는 공기와 물의 흐름과 같은 지구 내부에서의 집단 운동의 영향을 받는다. 또한 우리가 달의 그늘이 지구 위로 비친다는 것을 알고 있다면 이 순간 지구가 어떤 대륙에 그늘을 드리운 채 회전하고 있다는 것도 알 수 있어야만 한다.

지구 회전의 불규칙성은 17세기의 천문학적인 관찰을 통해 얼마든지 재확인될 수 있다. 그 이전 시대의 상황에 대해서는 일식에 대한 역사적인 보고서들에서 약간의 정보를 얻을 수 있다.

그 사이 컴퓨터에서 구동되는 여러 일식 프로그램이 개발되었다. 혹시 여러분은 자신이 가지고 있는 프로그램이 과거의 정보를 제대로 찾는지 알아보기를 원하는가? 그렇다면 '바빌론 테스트'를 해보라. 바빌론의 한 토기판에는 기원전 136년 4월 15일에 바빌론 안이나 근처에서 일어났던 일식에 대한 기록이 설형문자로 남아 있다. 여러분의 프로그램에서도 바빌론(북위 32 37 동위 44 33)에서 정말로 개기 일식 또는 거의 완전한 개기 일식이 있었다고 나타나는가?

NASA는 세상에서 일어나는 개기 일식을 모두 조사한다. 이런 과제를 맡고 있는 사람은 천문학자 프레드 에스페낙[Fred Espenak]

이다. 그는 모든 개기 일식에 대한 정보를 상세하게 담은 책을 발행했다. 이 책에는 개기식의 한계선이 그려진 지도와 선을 따라서 예보를 해주는 도표가 나와 있다. 이런 예보는 긴 세월 동안의 관측 덕분에 가능한 것이다. 한번쯤 인터넷으로 그에 대한 정보를 찾아보라. 검색 엔진에서 '에스페낙Espenak'이라는 검색어를 입력하면 많은 정보를 만날 수 있을 것이다.

그리고 나는 이들 외에 또 다른 일식의 수호자를 알고 있다. 레크리아우젠의 북쪽에 있는 할터른의 볼프강 슈트릭링Wolfgang Strickling은 몇 년 전에 윈도Windows에서 가동되는 프로그램인 ASTROWIN을 만들었다. 이것은 가장 최근의 버전으로 바빌론 테스트도 너끈히 통과한다. 누구에게든 무료로 제공되고 인터넷에서 구할 수 있다. 여러분도 '슈트릭링strickling'에 대해 한번 검색해보라.

박사학위를 소유한 치과의사인 슈트릭링은 아마추어 천문가이기도 하다. 나는 이런 점이 참 좋다고 생각한다. 여러분은 혹시 이와 반대로 천문학자이며 동시에 아마추어 치과의사인 사람이 있다는 말을 들어본 적이 있는가? 나는 없다.

……그리고 나는 천문학의 이런 점이 참 마음에 든다.

이스파한을 향하여?

 몇 주가 지나면 새해(1999년)가 시작된다. 여러분은 혹시 새해의 휴가 계획을 세워놓았는가? 세기의 일식이 펼쳐질 8월 11일에 여러분이 어디에 있을지 생각해본 적이 있는가? 달의 검은 그림자가 프랑스를 가로질러 남부 독일까지 이를 때 당신은 어디에 서 있을 예정인가? 여러분은 일식의 순간을 오스트리아나 헝가리에서 기다릴 수도 있고 멀리 동쪽에서, 곧 터키나 이란에서도 일식의 장관을 관찰할 수 있다.

 독일어권에서 일어났던 마지막 개기 일식은 1887년 8월 19일 금요일에 있었다. 개기식의 한계선은 라이프치히에서 동쪽으로 폴란드와 러시아까지 이르렀다. 독일에서는 거의 도처에서 하늘이 검게 뒤덮였다. 그리고 오스트리아에서 마지막으로 일어났던 1842년의 개기 일식에서는 빈이 일식 한계선의 중심에 있었다. 빈에서부터 태양이 몇 분 동안 검은 달의 원반 뒤로 사라지는 모습이 관찰되었다. 2081년에 프랑스에서 스위스를 거쳐 오스트리아까지 펼쳐질 일식을 제외한다면 독일에서 관측할 수 있는 다음 개기 일식은 2135년에야 보덴제의 강가에서 일어날 것이다. 한편 오스트리아의 남동쪽에서는 2075년 7월 13일이 되어야 다음 일식을 볼 수 있을 것이다. 하지만 날짜가 되었다고 다 일식을 볼 수 있는 것은 아니다. 어디서든지 개기 일식을 체험하기를 원하는 사람은 그날 날씨가 맑기를 기도해야만 한다.

1998년 8월에 나는 그 다음해에 관찰할 개기 일식을 위해 인터넷에서 일기도를 찾아보았는데, 일식의 한계선을 따라 남쪽의 끝인 영국에서 흑해까지 오로지 맑음 표시뿐이었다! 단지 영국해협에서만 하늘에 몇 개의 구름 조각이 보였다.

NASA는 모든 일식과 그때 그때의 일식 한계선을 따라 관측이 가능한 모든 장소에 대한 정보를 알려주고 있다. 또한 결정적인 순간에 구름이 일식을 하고 있는 태양을 덮지 않을 가능성이 얼마나 되는지도 조사하여 발표하고 있다.

구름의 방해 없이 일식을 관찰할 수 있는 가능성은 동쪽으로 갈수록 높아진다. 대서양에서는 성공 가능성이 40퍼센트 이하이고, 뮌헨과 잘츠부르크에서는 50퍼센트에 이른다. 그렇지만 아주 안전하게 일식을 온전히 관찰하고 싶은 사람은 이란으로 떠나는 것이 좋겠다. 양탄자로 유명한 이스파한은 95퍼센트의 가능성으로 거의 완벽히 일식을 관찰할 수 있는 곳이다.

NASA를 통해 발표되는 일식 관측의 가능성은 수년 간의 기상관측을 통해 얻어진 내용이다. 그러나 일식이 일어나는 날 하늘을 쳐다보는 사람은 눈앞에서 수년 간의 평균치를 보는 것이 아니라 그날 단 하루의 하늘을 본다. 그 하루만이 중요한 것이다.

우리가 날씨에 대해 좀더 많이 알 수는 없을까? 여러분은 혹시 이런 농사 규칙을 알고 있는가? "잠자는 7인 순교자의 날에 비가 오면 앞으로 7주 내내 비가 내린다." '잠자는 7인 순교자의 날'은 6월 27일이다. 7주 후라면 8월 15일이 된다. 그러니까 앞으로 있을 개기 일식(1999년 8월 11일)은 여기서 말하는 7주 안에 들어 있다. 그렇다면 우리는 1999년 6월 27일에 8월에 있을 일식이 일어날 날의 날씨에 대해 무엇인가 알 수 있지 않을까? 하지만 누가 아직 농사 규칙 같은 것을 믿겠는가?

그렇더라도 우리는 그런 규칙을 그렇게 쉽게 무시해서는 안 된다. 허황된 내용도 더러 있지만 얼마간의 진실을 담고 있는 것도 있기 때문이다. 나는 잠자는 7인 순교자의 날에 관한 규칙을 조사했고 그러던 중 기상학자이며 베를린 자유대학의 교수인 호르스트 말베르크Horst Malberg*의 저서를 발견하게 되었다.

'잠자는 7인 순교자의 날'에 관한 규칙은 오랜 역사를 지녔다. 아마도 중세시대 중에 생겨났을 것이다. 그런데 1582년 교황 그레고리우스 13세가 와해된 역법을 개혁하면서 그레고리력을 도입했다. 그리하여 역년이 365일을 약간 넘게 되었기 때문에 달력과 실제의 계절이 어긋나게 되었다. 이때의 오류 때문에 봄의 시작을 알리는 부활제 축제가 1월에 열리게 될 정도로 달력이 혼란스러워졌다. 달력과 실제 계절의 어긋남을 조절하기 위하여 역법 개혁을 하면서 10일을 뛰어넘게 되었다. 1582년 10월 4일이 열흘을 뛰어넘어 10월 15일로 바뀐 것이다. 그리고 이때부터 윤일(2월 29일)이 삽입되어 체계적인 날짜 조정 없이도 계절과 달력이 잘 맞도록 조절되었다. 그러나 잠자는 7인 순교자의 날에 관한 규칙은 역법 개혁시기 이전에 기상의 관찰을 통해 생

---

*호르스트 말베르크, 『농사 규칙. 기상학적인 관점에서 본 그것의 의미』, 베를린/하이델베르크, 1989.

겨난 것이므로 6월 27일이 개혁 과정에서 7월 7일이 되었을 것이다.

그러나 6월 27일이든 7월 27일이든 상관없이 도대체 이런 옛 규칙을 진지하게 받아들일 필요가 있을까? 그럴 만한 근거가 있는 걸까? 어느 정도는 근거가 있다고 말할 수 있다. 날씨는 극지방의 차가운 공기와 열대의 따뜻한 공기의 상호작용에 의해 결정된다. 이 두 가지 공기가 만나는 곳에는 5~10킬로미터의 높이에서 시속 5백 킬로미터나 되는 제트기류가 서쪽에서 동쪽을 향해 분다. 이 제트기류는 대서양에서 오는 강우 지대를 포함한 저기압 지대를 뒤쫓는다. 제트기류가 악천후 지대를 북해와 유럽북부의 내해 위로 불어대면 중부 유럽에는 반복해서 기압골이 형성된다. 그런 다음에는 구름과 비가 날씨를 결정한다. 그러나 제트기류가 북쪽 위도로 진행되면 저기압 지대의 이동 경로는 더 멀리 북쪽으로 향하고 중유럽에서는 아조렌 군도의 고기압권이 날씨를 결정한다. 그런데 제트기류가 여름에 어디로 불게 될지는 대부분 잠자는 7인 순교자의 날이 있는 시기에 결정된다. 그리고 이 지역에서 제트기류는 대부분 오랜 시간 동안 머문다. 이것이 오래된 잠자는 7인 순교자의 날의 법칙에 대한 학술적인 근거다. 좀더 상세한 조사에서는 심지어 오늘날의 역법으로 7월 7일이 그 다음 몇 주 동안의 날씨를 예측하기에 가장 가능성이 큰 날짜라고 나타나 있다. 이런 예측들이 완벽하게 정확하지는 않지만 약 61퍼센트 정도의 적중률은 있다고 볼 수 있다.

'잠자는 7인 순교자의 날'은 전설에 따라 붙여진 이름이다. 기

076 원후 251년에 일곱 명의 젊은이들이 기독교 박해를 피해 에페소스 근처의 동굴로 숨었다고 한다. 그들은 벽을 쌓고 거의 2백 년 동안 잠을 잤다. 그런 후에 그들은 비로소 개운하고 생기 있게 깨어나서 구출되었다고 전해진다. 이 전설에 따라 가톨릭 교회는 6월 27일을 그들의 이름을 붙여 기리게 되었던 것이다.

여러분이 일식이 벌어질 날의 날씨에 대해 조금이라도 더 알고 싶다면 6월 27일 또는 7월 7일에 창밖을 유심히 내다보라. 그런데 만약 그때 흐리고 비가 오는 중이라면 어떻게 해야 할까? 그렇다면 이스파한으로 떠나야 한다! 그곳은 수년 간의 관측에 근거한다면 날씨가 좋을 것이다. 그리고 이슬람 지역인 이란의 날씨는 일곱 명의 기독교 젊은이들과는 전혀 상관이 없을 테니까 말이다.

1999년 '잠자는 7인 순교자의 날'에 독일 대부분의 지역에서는 비가 내렸다. 나 자신부터 내가 했던 충고를 들었어야만 했다. 그렇게 하지 않은 나는 1999년 8월 11일에 안타까운 마음으로 비가 오는 슈투트가르트에 있었다.

노스트라다무스와 일식

여러분도 읽었는가? 노스트라다무스가 1999년 8월 11일의 개기 일식을 예언했다는 이야기를 말이다. 〈빌트 차이퉁〉은 이미 1998년 12월 31일호에 이런 내용에 대한 글을 실은 적이 있다. "추가적으로 1999년 8월 11일에 40년 만의 개기 일식이 일어날 것이다. 11시부터 개기식이 독일 하늘 위에서 펼쳐질 것이다. 중세의 예언가인 노스트라다무스(Nostradamus, 1503~66)는 이에 대해 '1999년에 그리고 일곱 번째 달에 하늘에서 엄청난 공포의 왕이 나타날 것이다……'라고 이미 예언했다." 여기서 나는 독일에서 관측되었던 마지막 개기 일식은 40년 전이 아니라 112년 전이었다는 사실 같은 것은 문제삼지 않겠다. 여기서 중요한 것은 노스트라다무스가 다가올 개기 일식에 대해 말한 것이 무엇인지 알아보는 일이다.

미셸 드 노스트라다무스는 1503년 12월 14일 프랑스의 생 레미에서 태어났다. 그는 의학도로서, 의사들이 비겁하게 도망갈 때 혼자서 몽펠리에서 페스트와 대항하여 4년 동안 환

미셸 드 노스트라다무스

자들을 보살폈다. 28세가 되어 그는 몽펠리에를 떠나 여기저기를 돌아다녔다. 1546년에는 악셍 프로방스에서 다시 용감하게 페스트와 싸웠으며 이에 대한 공로로 시에서는 평생 동안 그에게 연금을 지급하겠다고 약속했다.

이 연금으로 그는 프랑스의 살롱에서 아내와 아이들과 함께 평생 동안 걱정 없이 지낼 수 있었다. 이 시기에 그는 자신을 유명하게 만든 예언서를 썼다. 4백 년이 지난 오늘날에도 인터넷에서 그의 이름을 검색하면 38,550건 가량의 정보들이 나타난다. 그가 쓴 수천 가지의 예언들은 4행시의 형태로 묶인 10권짜리 『모든 세기』*에 수록되어 있다.

그런데 유감스럽게도 노스트라다무스는 자신의 예언과 관련해서 정확한 날짜나 연도에 대한 언급도 거의 하지 않았다. 바로 그런 불분명한 점 때문에 그의 수많은 예언들은 어떤 적당한 사건에든 쉽게 적용될 가능성이 있었다. 각기 다른 해석자들이 저마다의 방식을 이용해서 날짜에 맞는 이유를 만들어냈다. 예를 들어서 4권의 75편을 번역하면 그 내용은 이렇다. "마지막 전투 직전에 폐물을 초래하게 될 것이다. 적군의 지도자가 승리를 주장할 것이다……." 프랑스의 해석가인 막스 드 퐁트브린은 이것을 1814년에 워털루에서 벌어졌던 나폴레옹의 패배와 관련시켰다. 반면에 독일 노스트라다무스 해석가인 센투리오 박사는 이 행이 확실하게 1918년 독일의 패배를 말한다고 주장했다.

---

*노스트라다무스에 대한 다양한 해석으로 인해 겪었던 혼란에서 벗어나도록 도와준 폴커 구이아르트 박사에게 감사의 뜻을 표한다.

그밖에도 노스트라다무스가 일반적인 띄어쓰기를 피하고 새로운 단어로 대체하여 텍스트를 운문으로 암호화했기 때문에 모든 내용들이 다양하게 해석될 소지가 있다. 그는 또 경우에 따라서 자신의 예언을 더 신비하게 만들기 위해 임의적으로 철자를 서로 바꾸기도 했다.

이것 때문에 독일어권에서 이루어지는 노스트라다무스 예언의 해석에서는 다음과 같은 문제가 생길 수도 있다. 노스트라다무스가 다음과 같은 내용을 예언하려고 했다고 가정해보자. "Der Hund darf alles(개는 모든 것이 허락된다)." 이런 경우 그는 아마도 첫 번째 단계로 임의적인 단어의 분리를 시도했을 것이다. "D erH und dar fall es." 그렇게 되면 'D'는 관사 'die'의 약자가 될 수도 있고, 'erH'은 'Ehre(명예)'로 바뀔 수 있고, 'dar' 대신에 'der'라고 쓸 수도 있다. 결국 이 예언의 대가는 애초에 예언하고자 했던 내용을 "Die Ehre und der Fall S"라는 암호문으로 바꾸어 발표했을 수도 있다. 그러나 해석가들의 입장에서 이 문장을 보고 예언의 원래 내용이 '개는 모든 것이 허락된다'임을 유추해내기는 너무 어렵다. 그러므로 노스트라다무스의 4행시들에 대한 해석은 대단히 애매해서 그 어떤 시기의 그 어떤 사건에도 적용될 수 있다. 노스트라다무스는 독일의 통일을 예언했다고도 하는데, 단 연도를 1955년으로 잘못 말했다고 한다. 이밖에도 여러 해석가들은 그의 4행시에서 '타이타닉 호'의 침몰에 대한 예언도 읽어내고, 미식축구 스타인 O. J. 심슨의 재판에 대한 예언도 찾아냈다.

그렇다면 1999년과 관련된 『모든 세기』 10권의 72편에 대해

080　살펴보자. 이 편은 날짜가 언급된 얼마 안 되는 4행시에 속한다. 이 텍스트에 대해서는 내가 다음에 소개한 것을 비롯해서 수많은 해석들이 있다. 번역한 내용은 다음과 같다.

> 1999년 일곱 번째 달에
> 하늘에서 공포의 대왕이 내려오리라.
> 앙골모아의 대왕을 부활시키기 위해
> 화성의 앞과 뒤에서, 행복의 이름으로 세상을 지배하려 하리라.

언젠가 20세기의 한 노스트라다무스 해석가가 이 내용을 1999년의 개기 일식과 연관지었다. 그후에 이 사람 저 사람이 그 내용을 베껴 썼고 그러다가 결국 노스트라다무스의 예언이 일식의 날짜를 말한 것이 되었다. 이제는 여러 사람들이 그가 이 현상을 '날짜까지 정확히' 예언했다고 믿고 있다. 그러나 다시 한번 텍스트를 살펴보자. 거기에 도대체 무엇이라고 쓰여 있는가? 이 해의 일곱 번째 달에 공포의 대왕이 올 것이라고만 되어 있을 뿐 그 이상의 언급은 없지 않은가. 일식에 대해서는 단 한 마디의 언급도 없다.

그러나 노스트라다무스의 해석가들은 확신하고 있다. 첫 번

```
138            CENTURIE X.
                    72
   L'an mil neuf cens nonante neuf sept mois
   Du ciel viendra un grand Roy d'effrayeur
   Resusciter le grand Roy d'Angoulmois.
   Avant apres Mars regner par bon heur.
```

노스트라다무스의 예언 중 10권 72편은 1999년 8월의 개기 일식과 어떤 관계가 있을까?

째 4행이 1999년의 개기 일식과 관련되어 있고, 그것도 일곱 번째 달에 일어난다는 것을 예언한다고 말이다. 그렇다면 노스트라다무스는 왜 정확하게 8월이라고 말하지 않았던 것일까? 그들은 또 이렇게 변명한다. 그런 일은 흔하다고 말이다. 일곱 번째 달은 7월이지만 1582년에 그레고리력이 도입되는 바람에 10일을 뛰어넘게 되었다. 또한 1700년, 1800년 그리고 1900년에도 윤일이 삽입되지 않았다. 새로운 역법에 의한 8월 11은 노스트라다무스의 시대에는 바로 7월에 해당되었다는 것이다. 다시 말하면 노스트라다무스가 수많은 일을 예언했지만 역법 개혁에 대해서는 예감하지 못했다는 점만 인정한다면 다소 틀린 날짜에도 불구하고 이 행은 충분히 일식과 연결시킬 수 있다고 주장한다. 하지만 이 4행시의 마지막 두 문장을 이해하는 사람은 아무도 없다. 그렇다면 혹시 10권의 72편의 처음도 전혀 올바르지 않게 해독된 것은 아닐까? 사진을 참고해서 다시 살펴보면 아주 다른 방식으로도 해석이 가능하다. 'L'은 50을 나타내는 로마의 숫자 기호를, 'an'은 '해'를, 'mil'은 '수천'을, 'neuf'는 '새롭다'는 뜻을, 'cens'는 실제로는 'gens', 즉 '사람들'을 뜻할 수도 있을 것이다. 조금 더 알아본다면, 'non'은 'nicht(아니다)'를, 'ante'는 라틴어로 '전에'를, 'neuf'는 '새로운'을, 'sept'는 '일곱'을, 'mois'는 '달'을 나타낼 수 있다. 그러므로 이 예언은 어쩌면 이런 의미일지도 모른다. "50년 동안, 수천 명의 새로운 사람들이 새로운 7개월 전에······." 이렇게 해석하면 1999년에 대한 이야기는 전혀 들어 있지 않다. 그리고 이 해석이 차라리 공포의 대왕을 언급하는 해석보다 훨씬 덜 애매도호하다.

노스트라다무스의 4행시에 대한 해석에는 정치적인 현실도 반영되었다. 그리하여 〈슈피겔〉의 저널리스트인 레나테 플로타우는 베오그라드의 1999년 4월 30일자 신문에 "남아프리카의 한 교수가 노스트라다무스의 예언에서 제3차 세계대전이 미래의 언젠가 6월 22일과 7월 23일 사이에 발발할 것임을 알아냈다"는 기사가 실렸다고 보고했다. 그리고 밀로세비치에 관해서는 『모든 세기』에 이미 부정적인 내용이 들어 있다고 주장했다. 그 부분을 해석하면 다음과 같다고 한다. "세르비아 사람들은 그들의 왕자를 바꿀 것이다."

……그리고 이 해석만큼은 그의 말이 옳았다.

일식이 일어난 지 약 2주 후에 터키에서 강한 지진이 일어났다. 점성가들은 이 재앙을 앞에서 말한 노스트라다무스의 예언과 결부시켰다. 그러나 이것은 터무니없는 해석이다. 무엇보다도 이 자연재해는 '일곱 번째 달'에 이루어진 것이 아닌데다가 하늘에서 온 것이 아니라 그것의 반대 방향에서 온 것이기 때문이다. 또한 땅 위의 재해는 짧은 간격을 두고 일어나기 때문에 천문학적인 현상들은 언제나 그들과 연관해서 생각될 수도 있다. 만약 내가 이 글을 쓰고 있는 2001년 1월 말인 지금 일식이 일어난다면 나는 인도에서 일어난 대지진과 현재 나타나고 있는 시베리아의 극한적인 겨울 추위 또는 BSE(광우병) 위기 등도 그런 일식의 탓으로 돌릴 수 있을 것이다.

일식에 얽힌 이야기

몇 년 전에 나는 여러 박물관과 도서관에서 1842년 7월 8일에 빈의 하늘에서 펼쳐졌던 개기 일식에 대한 자료를 조사한 적이 있었다. 그러다가 시립 역사박물관에서 삽화가이자 풍자화가인 크리스티안 쇨러(Christian Schoeller, 1782~1851)가 이날의 장관을 그린 그림이 두 점이나 있다는 사실을 발견하게 되었다. 이 두 그림에는 검게 드리워진 태양 아래에 있는 사람들이 그려져 있다. 그런데 문제는 둘 중의 하나만이 올바른 그림이라는 것이다. 연기가 나오고 있는 굴뚝을 자세히 보면 한 그림에서는 바람이 동쪽에서 불어오고 있고 다른 그림에서는 서쪽에서 불어오고 있기 때문이다.

나는 지난 신문에서 이 날의 일식에 대한 자료를 열심히 찾았지만 그리 많은 자료를 찾지는 못했다. 그러던 중 마침내 〈비너 차이퉁〉의 공고문을 발견하게 되었다. "지휘자이며 작곡가인 요제프 란너$^{\text{Joseph Lanner}}$가 일식일 아침에 음악회를 연다. 음악

개기 일식 전날인 1842년 7월 7일 〈비너 차이퉁〉의 부록에 실린 공고문

내 서랍 속의 우주

1842년에 빈에서 관측된 일식을 묘사한 그림. 굴뚝의 연기를 보면 서풍이 불고 있음을 알 수 있다

아니면 동풍이 불고 있었던 걸까?

회는 새벽 6시에 시작될 것이다. 이때 부분적인 일식이 이미 시작되고 달의 원반이 태양 앞으로 다가갈 것이며 음악이 함께 연주될 것이다."

일식이 마치 음악을 불러오는 것처럼 보인다. 다가올 1999년 8월 11일에 달의 그림자가 남부 독일과 오스트리아를 덮고 흑해까지 이르게 되면 아마도 도처에서 음악 소리가 퍼질 것이다. 자를란트에서는 이미 자정경부터 공연이 시작된다. 스페인의 작곡가인 로렌츠 바버는 여기서 교회의 종소리와 함께 콘서트를 열 계획이다. 슈투트가르트에서는 열두 시간짜리 오픈 에어 콘서트가 일식 전부터 시작된다. 울름에서는 일식 현상을 위해 특별히 작곡된 음악이 소개된다. 잘츠부르크에서는 알프스 호른과 신비한 음악을 들을 수 있다. 슈타이어마르크에서는 네덜란드의 피아니스트인 야스퍼 반트호프가 일식을 위해 작곡한 곡을 연주하는 일식 콘서트를 연다. 헝가리 세게드의 북쪽에 있는 오푸스타서에서는 사흘 동안 축제가 열릴 예정이며 여기서는 주술적인 노래들도 들을 수 있다. 그리고 부카레스트에서는 루치아노 파바로티가 노래를 부른다. 나는 불꽃놀이까지 더해질 3분 동안의 일식을 위한 이런 갖가지 계획들이 일식이 벌어질 8월 11일까지 취소되지 않기를 바라마지 않는다.

일식과 더불어 일어나는 현상 중의 하나는 바로 불길한 예측들이다. 6월에 드라이자트 방송의 유명한 텔레비전 사회자 프란츠 알트가 진행하는 프로그램인 '엉뚱한 생각을 하는 사람'에서 일식을 주제로 다룬 적이 있었다. 그는 무엇보다도 우주 탐사기인 카시니CASSINI에 관심이 많았다. 플루토늄이 적재되어 있는 카시니는 8월에 금성에서 지구 근처를 지난 후에 경로를 바꿔 다시 토성을 향해 항해할 것이다. 만약 어떤 실수로 이 탐사기가 대기권에서 불타버리면 어떻게 될까? 여러분은 이렇게 묻고 싶을 것이다. 카시니와 플루토늄이 이 방송과 무슨 관계가 있느냐고 말이다. 문제는 카시니 탐사선의 항로 수정이 하필이면 개기 일식이 벌어지는 날에 이뤄진다는 데 있다. 오직 불행만을 가져온다는 개기 일식이 벌어지는 날에 말이다.

여성 점성술가인 클라우디아 폰 쉬어슈테트는 이렇게 설명한다. "모든 개기 일식은 12궁에 네 개의 '에코 포인트'를 남긴다. 이 점들은 개기 일식의 영향이 몇 년 후에야 사라진다는 표시다. 후에 행성들이 이러한 흔적과 만나게 되면 또 다른 재앙이 일어날 수도 있다. 그리하여 1998년 2월에 있었던 일식의 에코 포인트에서 수성과 화성이 4개월 뒤에 ICE 기차 중의 한 칸인 '콘라드 렌트겐'의 금속 바퀴를 터뜨렸고 그 때문에 이 기차는 에쉐데에서 탈선하게 된 것이다." 그녀는 이렇게 간략하게 말하고 있다. 또한 잘 알려진 점성술가인 엘리자베트 타이시어도 개기 일식이 끔찍한 일을 일으킨다고 여겼다. 아마도 그녀는 개기 일식의 영향권에서 멀리 떨어진 곳 어딘가에서 피할 곳을 찾을 것이다.

한편 함께 방송에 출연한 뮌스터대학교의 방사선 생물학자와 막스 플랑크 물리 연구소의 전 뮌헨 소장인 두 명의 과학자들은 조정의 오류 때문에 지구의 대기권에 닿을 수도 있는 위험한 플루토늄에 대해 경고했다. 그렇게 되면 최대 4천만 명의 암 사망자가 생길 수 있다고 우려했다. 그렇지만 그 카시니 탐사선에 적재된 33킬로그램의 플루토늄을 1945년에서 1980년 사이에 벌어진 423건의 핵폭탄 실험으로 지구의 대기권에 노출되었을 약 4톤의 플루토늄과 비교하는 사람은 없다. 그 안에는 카시니 탐사선의 원자력 배터리를 가동시키기도 하는 플루토늄 동위원소 Pu-238이 120에서 2백 킬로그램까지 들어 있다. 그러나 핵무기의 플루토늄에서는 수치로 확인될 만한 암 피해는 나오지 않았다. 물론 나는 카시니 탐사선의 플루토늄도 좋아하지 않는다. 다만 나는 우리가 좀더 솔직하게 의논해야 하고 무의미한 논박을 일삼거나 특히 두려움을 조장해서는 안 된다고 생각할 뿐이다.

"우리는 매년 수많은 점성술가의 예언들을 듣지만 전혀 맞지 않는 이유가 무엇일까요?" 사회자 알트 씨가 타이시어 부인에게 물었다. "엉터리 점성가들이 너무 많기 때문이죠." 그녀는 이렇게 대답했다. 하지만 자신의 적중률은 82퍼센트나 된다고 말하면서 20년 전에 텔레비전 시청자들을 황홀하게 했던 자신의 다리를 우아하게 포개어 앉았다.

여기에 대해 두 명의 자연과학자들은 별다른 이의를 제기하지 않았다. 하지만 사회자는 그들이 두 명의 여성 점성가들의 예언에 대해 어떻게 생각하는지 알고 싶어했다. "내게는 모든 것을 알아챌 수 있는 파라미터가 너무 많이 들어 있어요"라고 방사선 생물학자는 대답했다. 결국 정중한 표현으로 자신은 전혀 그런 예언을 믿지 않는다는 것을 밝힌 셈이다. 그렇지만 물리학자의 대답은 조금 실망스러웠다. 그는 최소한 점성술가에게 이렇게 되물을 수도 있었을 것이다. 그가 대학 신입생들을 가르칠 때처럼 일식 현상의 에코 포인트에 대한 주장이 통계적인 오류 내에서 벗어난 적이 있었느냐고 말이다. 그러나 실망스럽게도 그는 그저 진부하게 비꼬았을 뿐이다. "이런 종류의 문제를 그렇게 합리적으로 다루고 있다는 것이 마음에 들지 않는군요." 그러자 타이시어 부인이 웃음을 터뜨렸다. 그녀가 그저 순수하게 웃은 것인지 아니면 그를 비웃은 것인지는 알 수 없는 일이다.

그런데 두 명의 여성 예언가들이 1998년의 일식에 코소보 전쟁의 책임까지 지우는 경박함을 보고 나자 나도 예언을 한번 해봐야겠다는 생각이 든다.

"주장하건대, 모든 개기 일식의 약 9주 전에 이미 모든 불행이 우리에게 닥쳐온다. 1998년 2월의 일식이 일어나기 9주 전에 벌써 홍콩에서는 닭이 인간에게 위험한 H5N1 바이러스의 매개체일 수도 있다는 이유로 모든 닭들을 도살하는 사건이 발생했다. 그리고 1999년 8월 11일의 일식 9주 전에는 드라이자트 채널에서 프란츠 알트의 텔레비전 프로그램이 방송되었다."

제3장 오늘날의 이야기

바나클 빌과 구텐베르크의 성경

성경과 화성의 암석과 무슨 상관이 있을까? 미국의 화성 탐사선인 마르스 패스파인더 호는 화성 표면의 에어 쿠션 위에 부드럽게 착륙한 후에 약 60센티미터 크기의 소형 로봇 소저너^{sojourner}를 내려놓았다. 장난감 탱크와 비슷하게 생긴 소저너는 이 붉은 행성의 표면에서 총 52미터의 구간을 더 전진하게 되며 소저너의 움직임은 지구에서 보내는 1백 가지 이상의 신호를 통해 조종된다. 소저너는 모래로 된 화성의 표면 위로 움직이며 지구에서 화면을 지켜보던 조종팀이 각기 '바나클 빌'과 '요기'라고 이름 붙인 암석들의 곁을 지나갔다. 소저너의 주요 임무 중의 하나는 이 암석들을 화학적으로 분석하는 일이었다.

물질의 화학적 결합을 파악하는 가장 일반적인 방법은 그 물질을 시험관에 넣고 다른 물질과 반응시켜보는 것이다. 또한 행성의 가스층처럼 반짝이는 가스의 경우에는 빛을 통해 화학원소의 종류와 농도를 파악한다. 그러나 반짝거리지도 않고 우리가 그 물질을 손에 넣을 수도 없다면, 또는 시험관 분석에 써버리기에는 그 물질이 너무나 희귀한 것이라서 시험관 분석을 할 수 없다면 어떻게 해야 할까? 이럴 때 사용하는 세 번째 방법이 화학 분석이다. 시험관에서의 반응과 스펙트럼에서의 분석을 통해 조사하고 있는 물질이 어떤 화학원소들로 이루어져 있는

지 알 수 있었던 것은 원자의 외피인 전자 덕분이었다. 그런데 이제부터는 원자핵이 등장하게 된다.

활자를 발명한 요한네스 구텐베르크가 1455년경에 마인츠의 공장에서 찍어낸 40권의 현존하는 성경들은 가장 가치가 높은 책들에 속한다. 이 책의 활자들은 당시의 다른 인쇄물과 비교할 때 그 광채와 지속성 면에서 현저히 뛰어나다. 그리하여 학자들 사이에서는 구텐베르크의 공장에서 사용한 인쇄 잉크에 특히 더 많은 납과 동이 함유된 물질이 섞여 있었다는 추측이 일게 되었다. 그렇다면 사람들은 그 소중한 책을 손상시키지 않고 구텐베르크의 성경에 찍혀 있는 인쇄 잉크의 성분을 조사할 수 있을까? 20년도 훨씬 전에 캘리포니아대학교의 리처드 슈왑은 이 문제에 부딪쳤을 때 하버드에서 빌려온 원본에서 단 하나의 원자도 변화시키지 않는 방법으로 인쇄 잉크의 구성 성분을 알아냈다.

1455년경에 마인츠에서 구텐베르크가 인쇄한 성경(니더작센 주립 도서관과 괴팅엔대학교 도서관)

이 방식을 가리켜 PIXE(피액시)라고 부르는데 'proton induced X-ray emission'의 약자다. 말하자면 슈왑은 사이클로트론을 사용했던 것이다. 이것은 일종의 가속기다. 우선 수소의 원자핵인 프로톤을 대단히 빠른 속도로 쏘아댄다. 그러면 슈왑의 프로톤은 직경 1밀리미터의 광선으로 성경의 활자들 위를 광속의 몇 퍼센트에 해당할 만한 빠른 속도로 날아간다. 인쇄 잉크의 원자핵들은 빠르게 지나가는 프로톤에서 에너지를 받고, 이 에너지는 잉크의 원자핵들이 감마선의 영역에서 방사섬광을 내보냄으로써 얼마 후에 다시 사라지게 된다. 그리고 원자핵들은 다시 이전의 상태로 돌아가게 된다. 이 방사섬광의 에너지를 통해 어떤 종류의 원자핵이 포함되어 있는지 알 수 있는 것이다. 이런 방법으로 슈왑은 납과 동의 함량을 파악했을 뿐 아니라 구텐베르크의 기능공들이 잉크를 날마다 새로 혼합하기 때문에 그날 그날의 혼합 비율에 다소 차이가 있다는 사실도 확인했다. 그는 또한 당시 공장에서 매일 몇 쪽이 인쇄되었는지도 밝혀냈다. 종이의 칼슘 함유량을 통해 각각의 쪽들이 어떻게 하나의 커다란 인쇄전지에서 마름질되었는지 알 수 있었기 때문이다. 그렇게 해서 슈왑과 동료들은 인쇄술과 관련하여 큰 공을 세운 구텐베르크의 공장에서 이루어진 작업 방식에 대한 전반적인 정보를 얻게 되었다.

바로 이와 유사한 방식으로 소저너가 화성의 암석에 들어 있는 화학원소들을 조사했다. 더구나 소저너에는 마인츠의 막스 플랑크 화학연구소에서 개발된 측정기인 APX(알파 프로톤 X선 분광기)가 설치되어 있었다. APX는 'Alpha Proton X–ray'의 약자다. 실린더형의 센서에서 인공 방사능 원소인 퀴륨-244의 아홉 개 표본이 조사할 표본 위에 알파선을 쏜다. 알파선의 미립자들은 헬륨 원소의 원자핵들이고 모든 원자핵들과 마찬가지로 양성의 전하를 띤다. 그런 미립자들이 표본의 원자핵 근처에 도달하면 자체의 전자적 성질 때문에 미립자는 본래 궤도에서 많게든 적게든 방향을 바꾸게 된다. 이때 알파 미립자들 중의 몇 개는 다시 되돌아 날아가므로 센서의 수신기에 기록될 정도로 강하게 방향이 틀어지게 된다. 바로 이 되돌아온 미립자들이 표본 원자핵의 질량에 대한 힌트를 주는 것이다. 이런 방법으로 탄소나 산소와 같은 가벼운 화학원소들을 파악할 수 있다. 한편 몇 개의 알파 미립자들은 표본의 원자핵 안으로 들어갈 수도 있다. 그렇게 되면 해당되는 핵은 수소원자의 핵인 프로톤을 내보낸다. 이렇게 생성된 프로톤은 나트륨, 마그네슘, 알루미늄, 규산 등과 같은 중간 정도 무게의 원소를 파악하기에 적합하다. 끝으로 화성의 물질과 충돌한 알파 미립자들은 화성원자들의 전자외피의 가장 안쪽 영역을 해체시킨다. 그러면 이들은 X선을 방사하게 되는데, 이것은 마그네슘보다 무거운 원소들을 알아내는 근거가 된다.

착륙선과 소저너 사이의 의사소통에 몇 가지 문제점이 생김에 따라 화성 도착 사흘째에 소저너는 암석인 바나클 빌을 향하고 있는 자신의 APX 분광기의 센서를 정지시켰다. 소저너는 모두 10회의 화학분석 작업을 완수했다. 우리가 제한된 조사에서 화성 표면에 대해 알아낸 사실은 이렇다. 지구처럼 화성의 표면 외피도 알루미늄과 규산이 풍부하다. 그 안에서는 망간, 칼륨, 철 등도 발견되었다. 조사된 여러 암석들은 화학 결합에 있어서 서로 유사했다. 그것은 놀라운 일이다. 패스파인더 호의 착륙 지점은 물이 말라버린 강바닥이었기 때문이다. 원래 사람들은 그곳의 암석들이 과거에 강의 흐름으로 인해 다른 지역에서 이 지점으로 떠내려왔을 것이라고 기대했다. 그러나 이 짐작은 틀린 것으로 보인다.

하지만 분진은 화학적으로 암석들과 달랐다. 분진은 이미 지구에서도 관측이 가능한 모래 폭풍에 실려 다른 곳에서 왔을 수 있기 때문에 화성의 다른 곳의 암석들은 착륙 지점의 암석들과 화학적으로 구별된다는 사실을 알 수 있다.

소저너에 의해 조사된 암석들은 산소화합물의 농도에서 화성 운석과 뚜렷하게 차이를 보였다. 화성 운석은 지구에서 발견된 것으로 사람들은 이것이 화성에 커다란 유성이 부딪칠 때 우주로 퍼져서 지구에 쌓인 것이라고 여겼다. 이것이 패스파인더가 조사한 지역의 암석들과 화학적으로 차이가 난다는 것은 아마

소형 탱크 모양의 로봇 소저너가 화성의 표면에서 암석 '요기'를 조사하고 있다. 앞쪽에 소저너가 화성의 땅에 도착해서 내려왔던 경사면이 보이고, 거기서부터 직선으로 앞쪽에 패스파인더 탐사기의 착륙 후 사흘 동안 소저너가 조사했던 암석 '바나클 빌'이 보인다.

도 화성 표면이 화학적으로 매우 다양하다는 증거일 것이다. 특히 화성 운석들은 지난 몇 년 동안 큰 관심을 모았는데, 그것은 NASA의 학자들이 그것들 중 하나에서 석화된 미생물을 발견했다고 믿었기 때문이다. 하지만 시간이 흐르면서 성급했던 이런 발표는 잠잠해지고 말았다.

화성의 암석과 구텐베르크의 성경은 같은 방식에 의해 화학적으로 분석되었다. 시험관을 이용해서도 아니고, 분광기 분석을 통해서도 아니었다. 바로 제3의 방법인 화학분석을 통해서였다.

……그리고 그것이 그들이 지닌 공통점이다.

나이테의 주인

 미국 워싱턴 주의 해안을 따라 카누를 타고 있던 지질학자 브라이언 애트워터는 물 속에서 히말라야 삼나무의 그루터기를 발견했다. 이때 그의 머릿속에는 이런 소금물에서는 히말라야 삼나무가 자랄 수 없다는 사실이 떠올랐다. 그렇다면 이 나무의 그루터기가 왜 여기에 있단 말인가? 과거에는 삼나무가 자랐던 삼림의 토양이 틀림없이 흘수선(배의 측면과 수면이 접하는 부분 - 옮긴이) 위에 있었을 것이다. 그렇다면 이 토양은 지진으로 인해 태평양 밑으로 가라앉게 된 것일까?

 나무는 나이테를 통해 자신의 나이를 알려준다. 즉 나이테는 나무들만의 언어라고 할 수 있다. 애트워터는 일본의 한 전문가를 통해 이 나무가 1700년경에 멸종되었다는 것을 알게 되었다. 그런데 지진이 일어날 때는 많은 양의 토양이 바다 속으로 유입되고 이 토양이 거친 파도를 일으킨다. 일명 쓰나미(지진해일)가 일어난다. 특히 일본과 하와이에서는 이런 쓰나미가 두려움의 대상이다. 하지만 워싱턴 주는 불과 3백 년 전만 해도 거의 아무도 살지 않던 곳이기 때문에 과거 이곳에서 지진이 일어났는지 또는 쓰나미가 일어났는지 확인할 방법이 없다. 그러므로 이런 현상에 대한 기록은 워싱턴이 아닌 일본에서 발견된다. 기록에 따르면 1700년 1월 27일과 28일에 일본에서 약 1천 킬로미터 떨어진 해안가에 해일이 일어났다. 주민들은 황급히 고지대와 산으로 대피해야만 했다.

그렇다면 이곳 워싱턴 주의 해안가 물 속에서 삼나무가 발견되었다는 것은 여기에서도 지진이 일어났다는 것을 말하는 것인가? 사실 지금까지 시애틀의 5백만 시민들은 카스탈리나 습곡대와 맞닿는 시애틀 해안 앞의 지층이 균일한 형태로 이어지고 있다고 믿기 때문에 편안히 잠을 잘 수 있었다. 남쪽에 있는 성 안드레아스 습곡대에 있는 지층처럼 역으로 움직이지는 않는다고 여겼던 것이다. 이 지층으로 인해 1906년 샌프란시스코에서는 대지진이 일어난 적이 있었다. 결국 우연히 발견한 나무 그루터기의 도움으로 확인된 1700년의 지진은 시애틀의 사람들에게 유용한 정보를 알려준 셈이다.

나이테를 이용해 나무의 나이를 알아내는 방법을 발견한 사람은 한 천문학자였다. 버몬트에서 태어난 앤드류 엘리컷 더글러스(Andrew Ellicot Douglass, 1867~1962)는 학창 시절부터 천문학에 관심이 있었고, 하버드 대학교의 천문학과에 진학했다. 그후에 더글러스는 퍼시발 로웰의 동료가 된다. 퍼시발 로웰은 보스턴의 부유한 상업인 집안의 출신으로 플래그스태프에 자비로 천문대를 세우고 이탈리아 천문학자인 스키아파렐리가 발

앤드류 엘리컷 더글러스

견한 화성의 운하를 더 자세히 연구하려고 했다. 오늘날 우리는 그것이 일종의 시각적인 착오였다는 것을 알고 있다.

하지만 로웰은 화성의 운하들이 지능이 뛰어난 화성인들이 만들어놓은 것이며, 그 사실에 대해서는 토론할 여지가 없다고 확신했다. 그의 동료인 더글러스도 처음에는 화성에 운하가 있다는 사실을 굳게 믿었지만 얼마 지나지 않아서 혹시 이 가늘고 거미줄 같은 선들이 운하가 아니라 관측의 착오는 아닌지 하는 의심을 품게 되었다. 그러나 화성 운하에 대한 의심 때문에 결국 그는 일자리를 잃고 말았다. 이 일로 그는 천문학 분야에서 자신의 자리를 찾을 가능성이 없다고 여겼다. 결국 그는 정치를 시작했고 판사로 뽑혔으며 동시에 스페인어 교사로 일했다. 그러던 중 그는 천문대를 건설하는 임무를 위임받게 되었다. 그리하여 그는 애리조나 주의 투손에 있는 스튜어드 천문대의 설립자가 되었다. 이렇게 그는 다시 천문학과 좀더 가까워졌지만 그렇다고 완전히 가까워진 것은 아니었다.

더글러스는 이 시기에 북부 애리조나를 여행하게 되었다. 여기서 그는 강수량이 나무의 성장에 어떤 영향을 끼치는가에 대해 의문을 가졌다. 나무들은 분명히 습기에 대단히 예민하게 반응한다. 그러나 이런 습기는 결국 태양이 바닷물을 증발시킴으로써 생기는 것이다. 그런데 얼마 전에 사람들은 아시아의 몬순 기후가 태양의 흑점 탓이라고 하지 않았는가? 그렇다면 혹시 11년이라는 태양 흑점의 주기가 나무들의 성장에도 반영되지 않을까? 나무가 얼마나 잘 자랐는지는 나이테의 모양에서 알아낼 수 있다. 습한 해에는 넓은 나이테가 나타나고 건조한 해에는 좁은 나이테가 생긴다. 그는 한 친구의 제재소에서 연구를 시작했다. 실제로 그루터기들은 다양한 너비의 나이테를 보였다. 조금 좁은 것 다음에는 더 넓은 것이 나타났다. 여러 종류의 나무들을 더 관찰하자 나이테의 넓고 좁은 순서가 마치 동일한 것 같았다. 마침내 그는 동일한 순서를 보이는 두개의 그루터기를 찾아냈다. 그런데 그 중 하나는 가장 바깥 쪽 열 개의 나이테가 다른 하나의 그루터기보다 부족했다. 더글러스는 그래서 이 나무가 다른 것보다 10년 먼저 벌목되었다는 결론을 이끌어냈다. 그리고 이 결론은 제재소의 서류를 통해 사실임을 확인할 수 있었다. 이 일을 기회로 다양한 나무들의 나이테를 비교해서 나무의 나이를 알아볼 수 있는 가능성이 생겼다. 만약 나무들이 여러 개의 나이테에 대해 넓고 좁은 순서가 똑같다면, 그것은 이

나이테

나무들이 그 몇 년 동안 함께 자랐다는 뜻이다. 결국 한 나무가 다른 것보다 얼마 후에 벌목되었는지를 알아보기 위해서는 공통으로 나타나는 나이테에서부터 후에 벌목된 지점의 나이테까지를 바깥쪽으로 세어보면 된다. 오래된 나무들의 나이테 순서는 후에 벌목된 나무의 안쪽에서도 다시 발견된다. 더글러스는 여러 번의 나무 실험을 통해 나무들의 나이테에 대단히 긴 세월이 감추어져 있다는 사실을 알아낼 수 있었다. 이 연구에는 무엇보다도 푸에블로 인디언 부족과 아스텍의 유적지에 있는 대들보와 목재들이 큰 도움을 주었다.

원래 더글러스는 태양 흑점의 주기를 나이테에서 발견할 수 있을 것이라고 믿었다. 하지만 이것은 끝까지 확인되지 않았다. 그 대신에 천문학자 더글러스는 아주 부수적으로 새로운 학문을 탄생시켰다. 바로 나이테를 연구하는 '연륜연대학dendrochronology'이 그것이다. 이 학문은 오늘날 고고학자들의 가장 중요한 연대 추정 수단이며 4천 년 이상의 기간을 읽어낼 수 있다. 그러나 더글

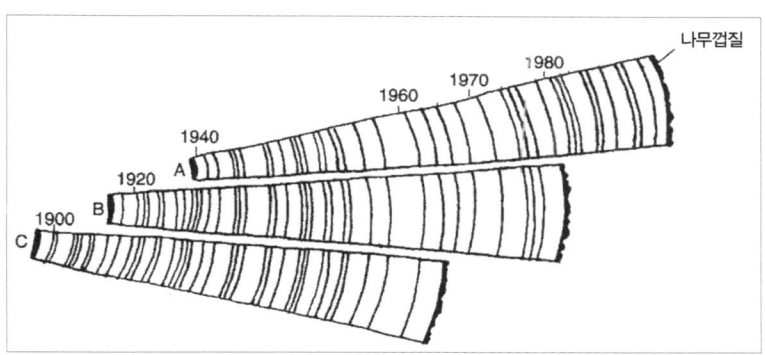

세 가지 종류의 나무 표본이 90년이라는 기간을 나타내고 있다(M. J. 에이트컨의 도표 그림)

러스는 나이테가 과거 일본에서 있었던 쓰나미의 원인까지도 밝혀주게 될 것이라는 점은 전혀 예감하지 못했다.

몇 년 전에 나는 하와이에 갈 기회가 있었다. 그곳 사람들은 몇 해 전에 이 섬의 동쪽 해안에서 여러 명의 목숨을 앗아갔던 쓰나미를 기억하고 있었다. 일단 그런 재앙이 벌어지면 오직 가까이에 있는 언덕에 재빨리 도달한 사람만이 살아남을 수 있었다. 내가 묵었던 호텔의 현관에도 갑작스러운 해일이 일어났을 경우에 대비한 세 가지 행동규칙이 적혀 있었다.

1. 침착하십시오!
2. 호텔 숙박료를 지불하십시오!
3. ……그 다음에는 멀리 피하는 것 외에는 다른 방법이 없습니다.

이 글은 2000년 3월호에 실렸던 원고다. 그런데 2001년 2월 28일 유럽 시간으로 20시경에 시애틀에서 강도 6.8의 지진이 발생했다. 이때 매체들은 같은 장소에서 1949년에 있었던 강도 7.1의 지진을 상기시켰다. 그러나 이 두 지진은 1700년 1월에 발생했던 지진과 비교한다면 피해가 경미한 편이었다.

가우스와 킬로가우스

 태양물리학자인 악셀 비트만Axel Wittmann은 평소에도 조심스럽게 운전하는 타입이었지만 이 날은 더 깊은 주의를 기울였다. 1998년 11월 25일 아침 훔볼트알레에서 괴팅엔스슈트라세를 지나 빈트아우스벡까지 가는 길에서 그는 도중에 자신의 앞과 뒤를 지나가는 모든 것에 대해 세심한 주의를 기울였다. 뿐만 아니라 차의 트렁크도 안전하지 않다고 여겨서 뒷좌석의 쿠션을 묶어 자신의 소중한 화물이 어떤 추돌사고에도 손상되지 않도록 안전하게 포장했다. 비트만은 지금 법률의학 연구소로 가져가고 있는 유리 상자에 든 이 물건의 안전을 위해서는 이 고급스러운 쿠션도 아까워하지 않았다. 이 유리 상자에 들어 있던 것은 바로 전 시대를 걸쳐 가장 위대한 수학자이자 천문학자의 뇌였다. 1855년 2월 23일 아침에 괴팅엔 천문대장인 78세의 카를 프리드리히 가우스Carl Friedrich Gauß가 세상을 떠났다. 그는 이미 생전에 '수학의 거장'으로 인정받았으며 그의 동료들은 그를 유럽에서 가장 위대한 수학자로 여겼

카를 프리드리히 가우스(1777~1855)

다. 나는 다음 이야기에서 다시 한번 이 위대한 괴팅엔의 학자에 대해 언급할 것이다.

그가 죽은 날 시신이 바로 해부되었다. 병리학자가 뇌를 가져가서 두개골의 석고 모형을 만들었다. 당시 뇌 기능에 대한 연구는 이제 시작 단계여서 사람들은 아직 독일 의학자인 프란츠 요제프 갈의 골상학^{phrenology}에 의존하고 있었다. 골상학에서는 두개골의 모양을 통해 각각의 뇌 부위가 담당하는 기능에 대한 정보를 알 수 있다고 생각했다. 비로소 1861년경과 그후에 프랑스의 의사인 파울 브로카^{Paul Broca}와 독일인인 카를 베르니케^{Carl Wernicke}가 뇌에서 언어 중추의 위치를 찾아냈다. 그후에 다른 영역의 기능들이 계속 밝혀지게 되었다. 그러나 위치상 서로 떨어져 있는 뇌의 여러 영역들이 함께 작용함으로써 많은 기능들이 이루어진다는 것을 알게 된 것은 20세기 후반이 되어서였다. 그동안 의사들은 우리 뇌 속에는 아주 미세한 신경세포인 뉴런이 있고 이것은 축색돌기와 수상돌기 그리고 경우에 따라서는 다른 수천 개의 뉴런들과 연결되어 하나의 네트워크를 형성해서 우리의 모든 기억과 경험을 저장한다는 것을 알게 되었다.

임종 침대 위의 가우스

당시 이 수학자의 뇌를 가져와서 저장했던 사람들은 아마도 미래의 학자들이 이 수학자의 뇌에서 그를 천재로 만든 특별한 점을 알아낼 수 있을 것이라고 기대했을 것이다. 다른 위대한 학자들의 뇌도 "코코넛 정도의 크기로 호두와 같은 형상이며 생간의 색깔과 차가운 버터의 고정성을 가지고 있었기 때문이다(R. 카르터)." 가우스의 뇌도 외관상으로는 다른 평범한 사람들의 뇌와 차이가 없었다. 우리는 아직 뇌 안의 어떤 것이 천재성과 관련이 있는지 밝혀내지 못했다. 뇌전을 측정하고 뇌의 원자들이 방사성 신호를 내보내도록 하여 그 신호들이 살아 있는 뇌 안에서 특정한 원자들의 분포에 대한 정보를 주는 세밀한 진단 방식(뇌전산화단층촬영, 일명 CT)을 개발했음에도 말이다.

당시 해부된 가우스의 뇌는 150년 전부터 괴팅엔대학교 연구소에 보관되어 있다. 포르말린에 잠겨 있는 이 뇌는 오늘날까지 대단히 좋은 상태로 보존되어 있다. 안전을 기하면서 미래를 위해 뇌의 구조를 수작업으로 저장하려고 했던 것은 악셀 비트만의 아이디어였다. 만약 우리가 오늘날 죽은 가우스의 뇌 안에 어떤 천재성의 흔적이 남겨져 있는지를 알아내지 못한다면 아마도 뒷세대들이 그 비밀을 밝혀낼 것이다.

1998년 어느 가을날에 그런 순간이 왔다. 이 진귀한 유물은 깨끗이 닦여서 막스 플랑크 생물리학 화학 연구소로 운반되었다. 거기서 생의학자인 옌스 프람$^{Jens\ Frahm}$의 연구팀에 의해 연구소에 있는 자기 공명 영상기를 이용한 조사 작업이 시작되었다. 이 작업은 존경하는 망자ㄷ촬의 품위를 손상하지 않기 위해 가까운 사람들만이 보는 자리에서 보도진의 참석 없이 진행되었다.

연구팀은 그 소중한 표본을 강도 2테슬라의 자기장 속에 놓았다. 예전에 사람들이 사용했던 자기장 강도의 단위는 바로 카를 프리드리히 가우스의 이름에서 딴 '가우스'였다. 그는 집중적으로 지구 자기장의 측정에 몰두했으며 지구 자기장의 강도는 2분의 1가우스임이 밝혀졌다. 이 단위로 말하자면 단층 영상 안의 자기장 강도는 2만 가우스 또는 20킬로가우스라고 말할 수 있다.

모든 표본의 원자핵들은 극히 작은 자석들이다. 그리고 이 자석들은 보통 임의의 방향을 가리킨다. 그런데 이런 미니 자석들이 자기장 안에서는 정렬을 한다. 수소원자의 경우에는 자기장의 방향으로나 또는 반대 방향으로 정렬된다. 물론 외부에서는 아무도 원자핵이 어디에서 어떤 방향으로 정렬되는지 볼 수 없다. 그러므로 이 표본에 짧은 시간 동안 강렬한 단층 송신기로 방사선을 쪼인다. 이때 수소원자의 한 부분이 방향을 바꾸기 위해 에너지를 흡수한다. 방사선 투사가 끝나면 수소원자들은 다시 예전의 상태로 바뀌면서 아까 흡수했던 에너지를 방사선으로 다시 방출한다. 그러면 수신기의 뛰어난 분석 시스템으로 원자핵의 장소를 알

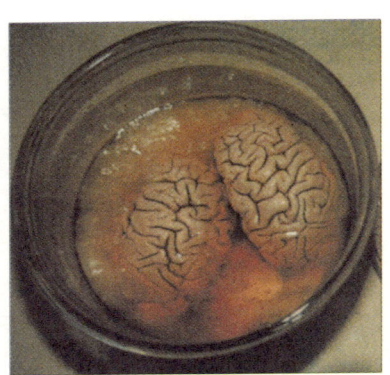

수학자 가우스의 뇌

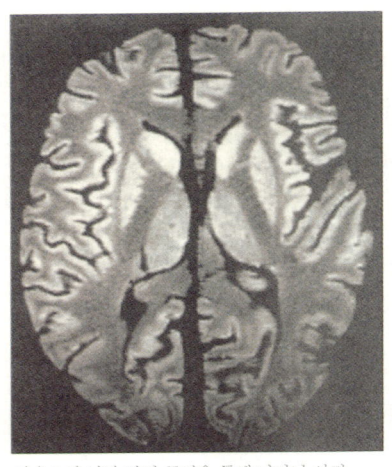

가우스의 뇌가 자기 공명을 통해 나타난 사진

아낼 수 있다. 이런 방법으로 표본의 원자들이 어떻게 분포되어 있는지 확인할 수 있다. 단지 표면뿐 아니라 내부의 모든 부위에 대해서도 확인이 가능하다. 그럼으로써 가우스 뇌의 외형을 전혀 파괴하지 않으면서 내부 구조를 연구하는 일이 성공하게 되었다. 그러나 이 방식의 촬영은 약 1밀리미터의 단위로 이루어진다. 그러니까 여기서 얻은 자료들은 광범위한 구조, 예를 들면 뇌피의 나선형 융기의 방향과 뇌의 구성물질의 표면 등에 대한 정보는 주었지만 뉴런과 그것의 연결 모양은 파악할 수 없었다.

그래도 가우스의 뇌는 아인슈타인의 뇌보다 훨씬 더 신중하게 다루어진 셈이다. 상대성 이론의 창시자인 아인슈타인이 1956년 4월에 미국에서 세상을 떠나자 우선 그의 눈과 뇌가 보존되었다. 그리고 그의 뇌는 여러 개의 얇은 원반으로 잘렸다. 아인슈타인의 뇌를 오랫동안 보관했던 병리학자 토마스 하비는 모든 세계의 학자들에게 이 뇌의 작은 표본들을 선사했다. 그렇게 아인슈타인의 뇌는 240여 개의 조각으로 나뉘어 흩어지고 말았다.

……내가 아인슈타인이 아니라는 것이 얼마나 다행인지 모르겠다.

유로화는 오고 — 나의 창문은 사라지고

수백만의 사람들이 아직 내 사무실의 그림을 몸에 지닌 채 다니고 있다. 더 정확히 말하자면 사무실 전체의 그림이 아니라 입구 왼쪽에 있는 창문의 그림이다. 그 창문을 통해 내가 10년 동안 일했던 책상 위로 햇빛이 비치곤 했다. 독일의 10마르크 지폐에는 괴팅엔의 수학자이며 천문학자인 카를 프리드리히 가우스의 초상화가 들어 있다. 두 개의 괴팅엔 교회들이 흐릿한 선으로 그려져 있고 1816년에 세워진 천문대도 있다. 이 천문대의 첫 번째 천문대장이 바로 가우스였다. 지폐 속의 그림에는 지금은 사용하지 않는 천문대 정문 현관의 남쪽 부분이 나타나 있고 그 위에 역시 사용되지 않는 둥근 지붕도 보인다. 이 건물은 단지 천문학 역사의 일부분을 함께 체험했을 뿐 아니라 그 건물 안에서 천문학의 역사를 만들어내기도 했다.

가우스가 천문대를 열 때 그는 이미 수학과 천문학계에서 존경받는 학자였다. 그가 명성을 떨치게 된 것은 한 작은 행성 때문이었다. 이탈리아의 천문학자인 피아치는 1801년 새해 첫날 밤에 최초의 소행성인 세레스를 발견했다. 소행성 또는 소혹성으로 불리는 이것은 다른 행성들처럼 태양의 주위를 돈다. 그러나 소행성들은 행성들에 비해 훨씬 더 작다. 이들의 직경은 대부분 1백 킬로미터가 채 안 되는데, 세레스는 그들 중 가장 큰 소행성이었다. 소행성들의 궤도는 주로 화성과 목성 사이에 놓여 있다. 그러나 이런 사실을 천문학자들은 한참 후에나 알게 된다. 그런데 새로 발견된 이 미니 행성은 처음 발견된 후에는 밤하늘에서 단지 몇 주밖에는 떠 있지 않았고 바로 낮의 하늘로 가버려서 관측자들의 시야에서는 사라져버렸다. 영원히 사라진 것일까? 그런데 24세의 가우스는 지금까지 얻은 관측 자료를 이용해서 그 새로운 별이 다시 밤하늘에 뜬다면 하늘 어디에서 그것을 찾아낼 수 있을지를 계산해내는 데 성공했다. 그리고 실제로 세레스는 정확히 그가 예측했던 자리에서 다시 발견되었다.

가우스는 천문대의 신축 작업에 부름을 받고 나서 바로 하노버 왕국(독일 북부 니더작센 주에 위치해 있었으며, 1867년 프로이센에 합병되었다.-옮긴이)을 측량하는 임무를 맡게 되었다. 그리고 이 작업을 위해 그는 새로운 수학 방식과 헬리오트로프라는 새로운 보조 기구를 발명했다. 이 기계 안에서 태양빛은 거울을 지나 목표점에서 관측 장소에 있는 측량 기구로 반사된다. 측량의 출발점은 천문대 건물에 있는 자오환(천체가 자오선을 지나가는 시각이나 위치를 관측하는 기계-옮긴이)의 천저(지구 위의 관측점에서 연직선을 아래쪽으로 연장할 때 천구와 만나는 가상의 점-옮긴이)였다. 거기서부터 가우스는 토지를 삼각형의 망들로 덮어씌웠고, 측량 기사들은 그 삼각형들의 꼭지점에서 측량을 연결할 수 있었다. 이 삼각형 망의 일부가 독일 10마르크 지폐의 뒷면에 그려져 있다. 니더작센 주의 토지 측량의 영점은 오늘날까지도 그 사이 개축된 천문대의 건물 안에 있다. 말하자면 예전 내 사무실의 한가운데에 말이다. 그때 내 책상에서 1미터 옆에 있었던 쪽마루의 입구에 있는 철침이 그 점을 표시하고 있었다.

가우스는 다재다능한 학자였다. 후에 풀코보 천문대의 책임자가 된 오토 슈트루베가 1838년에 자신의 아버지와 함께 괴팅엔에서 그를 방문했을 때, 가우스는 러시아어를 집중적으로 배우고 있었다고 한다. 수학자 로바체브스키의 논문을 읽기 위해서였다.

그러나 가우스는 수학자였을 뿐 아니라 기하학자이기도 했다. 그리고 지구의 장과 움직이는 자장에 의한 전기적 흐름의 생성이라는 테마가 그를 사로잡았다. 그리하여 그는 1831년에 물리학자 빌헬름 베버와 함께 유도에 의해 생성된 충격 전파를 이용해서 소식을 전하기 시작했다. 이 세계 최초의 전신선은 철선이었고 천문대에서 요한니스 교회의 북쪽 탑을 지나 약 1킬로미터 떨어진 베버의 물리학 본부로 이어졌다. 이들의 첫 번째 교신 내용 중의 하나는 금방 집사가 현관에 도착할 것이라는 예고였다. 그런데 사람들이 "미헬만이 올 것이다"라는 말을 판독

오늘날의 괴팅엔 천문대

하고 있는 동안 미헬만은 벌써 오래전에 도착해 있었다고 한다.

괴팅엔 천문대의 뛰어난 인물들 중의 한 명은 당대어 가장 위대한 천체물리학자인 카를 슈바르츠실트(Karl Schwarzschild, 1873~1916)였다. 그는 괴팅엔에서 활동했던 8년 동안 사진을 이용한 별의 광도 측정법과 색상 측정법을 개발했다. 그는 자신이 괴팅엔으로 데려온 덴마크인인 에즈나 헤르츠스프룽과 함께 빨간 거성들의 존재도 알아냈다. 당시는 헤르츠스프룽이 그 유명한 H-R도〔헤르츠스프룽-러셀도 Hertzsprung-Russell diagram, 태양 주변의 별들에 대해 가로축을 색 지수(또는 절대온도), 세로축을 절대

10마르크 지폐에 그려져 있는 수학자이며 천문학자인 카를 프리드리히 가우스

괴팅엔 천문대가 보이는 10마르크 지폐의 세부 그림

광도로 표시하여 그 관계를 나타낸 그래프 - 옮긴이]를 만들기 얼마 전이었다.

그러나 천문대장들이 언제나 자신들의 선임자를 좋아한 것은 아니었다. 슈바르츠실트의 후임자인 요한네스 하르트만(Johannes Hartmann, 1865~1936)은 자신의 이름을 붙이게 된 마이크로포토미터로 유명한 사람이다. 그는 천문대의 자재 목록에 선임자인 슈바르츠실트가 소형 망원경을 주로 가든파티에서 야한 의상을 입은 여성의 모습을 대물렌즈의 초점면에 맞춰 손님들에게 비너스를 구경시켜주는 데 이용했다고 비판적으로 썼다.

괴팅엔 천문학 역사의 가장 중요한 시기는 한스 킨레(Hans Kienle, 1895~1975) 교장이 활약하던 시기였다. 그의 학교에서 알프레드 베어, 루드비히 비어만, 한스 하프너, 오토 헤크만, 마르틴 슈바르츠실트, 하인리히 지덴토프, 루퍼트 빌트와 같은 성공적인 천문학자들이 배출되었다.

그러나 괴팅엔 천문대에 관한 모든 이야기들이 즐겁기만 한 것은 아니다. 천문학적인 연구와 동시에 가스 가로등 자동점화 장치를 발명했던 에른스트 프리드리히 빌헬름 클링커푸에스(1827~84)가 바로 그런 경우다. 클링커푸에스는 기상 예측도 했는데, 그 적중률이 낮아서 괴팅엔에서는 '허풍쟁이'로 불리기도 했다. 그는 끊임없이 경제적 곤란에 시달린 불행한 남자였다. 그는 결국 1884년에 천문대 건물에서 목을 매어 자살했다.

마르틴 슈바르츠실트가 돌아가신 아버지인 카를 슈바르츠실트의 뒤를 이어 천문학을 공부하는 동안 히틀러가 권력을 장악

했다. 유대인의 피가 섞인 괴팅엔대학교의 학생 슈바르츠실트 2세는 나치의 인종 규칙에 따라 더 이상 천문대에 발을 들여놓을 수가 없었다. 그러나 지도교수였던 킨레는 박사 논문을 위해 필요한 측광기를 제자인 슈바르츠실트의 기숙사에 설치해주었다. 그리하여 20세기 후반의 위대한 천체물리학자 중의 한 명이 출입금지령에도 불구하고 박사학위를 받을 수 있었다.

독일의 10마르크 지폐에 그려진 건물들에 관한 이야기는 여러 가지가 있다. 그러나 이제는 유로화를 사용하게 되었고 사람들은 더 이상 괴팅엔 천문대의 사진을 지갑에 간직하지 않을 것이다. 더 이상 아무도 내 사무실의 창문을 가슴에 간직하고 다니지 않을 것이다. 그러나 나는 친구 한스 하인리히 보이크트를 보며 나 자신을 위로할 것이다. 그는 지폐에서 가우스의 그림자에 가려져 있는 현관 왼쪽의 두 번째 창문 뒤에서 23년 동안 일했다. 괴팅엔의 천문학자들은 언제나 그렇게 가우스의 그림자 뒤에 가려져 있었다.

다인쳐 부인 이야기

한 젊은 여인이 슬픈 운명 때문에 가족과 헤어져 여러 천문학 연구소에서 감금되어야 했던 이야기를 소개하고자 한다. 그녀는 젊은 천문학도들한테 수시로 키스를 당해야만 했고, 여행자 천문학도들에게는 구경거리가 되어야만 했다. 마침내 어느 일간지가 그녀의 운명에 대해 관심을 가지게 되었고, 결국 매우 놀라운 방법으로 이 불행한 여인은 자신의 가족에게 돌아갈 수 있었다.

제2차 세계대전이 끝나갈 무렵 폭격의 밤이 지나간 아침에 보겐하우젠에 위치한 뮌헨대학교 천문대 정원의 파편 쓰레기 속에 한 젊은 여인의 조각상이 놓여 있었다. 그것이 어디서 왔는지 아는 사람은 아무도 없었다. 종전 후 학생들은 이 조각상을 천문대 정원에 있는 받침대에 올려놓았다. 바로 이 자리에서 그 미지의 여인은 10년을 넘도록 강의를 받으러 가기 위해 이리저리 바쁘게 다니는 학생들을 바라보고 있었다.

뮌헨의 조각가인 아돌프 폰 힐데브란트(Adolf von Hildebrandt, 1847~1921)의 작업실에서 만들어진 이레네 자틀러의 조각상

오늘날의 이야기

뮌헨뿐 아니라 독일 곳곳에서는 학생들이 강의실에 넘쳐났고 괴팅엔 역시 그러했다. 거기서 박사학위를 받은 사람은 동료들과 함께 환상적으로 치장한 차를 타고 시청 광장까지 퍼레이드를 한다. 그리고 전통에 따라 갓 학위를 받은 박사는 분수에 올라가서 동으로 만든 괴팅엔의 상징인 '거위 소녀'에게 키스를 해야만 한다. 이러한 전통은 오늘날까지 계속되고 있다. 또한 젊은 천문학도들도 천문대에서 자신들의 박사 논문을 완성했거나 또는 전쟁 후 괴팅엔에 설립된 막스 플랑크 물리학 연구소에서 논문을 완성했을 때는 이런 기분 좋은 의무를 따랐다.

1958년 이 연구소는 뮌헨으로 이전했다. 나는 당시 바이에른으로 이주한 팀에 속해 있었다. 우리는 바이에른의 유명한 건축가가 지은 현대적인 건물에 입주했다. 그러나 첫 번째 박사학위 수여식이 열릴 때 뮌헨에는 거위 소녀가 없었다. 뮌헨에서는 이제 괴팅엔에서와 같은 축제를 벌일 수 없게 된 것이다.

그때 우리들 중 한 사람이 생각해낸 것이 천문대 마당에 있는 주인 없는 여인의 조각상이었다. 물론 우리는 그렇게 중요한 일을 두 연구소의 소장들에게 맡길 수는 없었다. 그래서 어느 날 밤에 연구소의 한 동료가 보겐하우젠으로 몰래 가서 그 무거운 조각상을 손수레에 싣고 우리 연구소로 가져와서는 정원에 세워놓았다. 그리하여 우리는 괴팅엔의 전통을 약간은 변형된 모습으로 뮌헨에서도 치를 수가 있었다. 그 첫 번째 영광을 누린 사람은 태양 흑점의 구성에 대한 논문을 완성하여 박사학위 수여자가 된 빌리 다인처Willi Deinzer였다. 구술시험 후에 그는 새로 마련된 조각상에 키스를 했다. 그 이후로 이 조각상은 '다인처 부

115

인'으로 불렸다. 이 조각상은 몇 년 동안 괴팅엔에 있는 거위 소녀의 역할을 대신했다. 새로운 운명과 만나기 전까지는 말이다.

한편 동료들과 배달원들의 자동차가 연구소 건물 앞에 있는 잔디밭의 모서리 위로 자주 지나다니는 바람에 잔디가 손상되는 일이 벌어졌다. 그러자 베르너 하이젠베르크는 잔디를 보호하기 위해 모서리에 얕은 담을 쌓아달라고 작업장에 부탁했다. 그러나 우리는 그런 담이 건물의 스타일과 전혀 어울리지 않는다고 생각했다. 그래서 우리는 하이젠베르크의 지시가 얼마나 비합리적인지 보여주자고 마음먹었다. 우리는 '다인처 부인'을 그 담 위에 올려놓았다. 어차피 부조화스럽게 될 바에는 이것을 올려놓아도 마찬가지라는 것을 시위하려고 했던 것이다. 그러나 우리는 소장의 지시에 따라 담을 만들었던 작업자들이 대단한 모욕감을 느낄 것이라는 것은 생각하지 못했다. 그들은 자신들의 작품에 자부심을 가지고 있었고 그것이 그 조각상 때문에 우습게 되는 것을 원하지 않았다. 그들은 몇 번이나 '다인처 부인'을 연구소 정원의 제자리로 돌려다놓았다. 그러나 밤이 되면 연구원들은 다시 그것을 담 위에 올려놓았다. 이

괴팅엔 시청 광장에 있는 분수 조각인 거위 소녀. 오래된 전통에 따라 새로 박사학위를 받은 사람들은 이 조각에 키스하는 것으로 시험 통과를 감사하기 위해 동료들과 함께 이 분수까지 화려한 퍼레이드를 펼치며 오게 된다

런 일이 반복되자 결국 작업장 사람들은 그 조각상을 정원 어딘가에 묻어버렸다. 그리하여 담을 둘러싼 싸움은 그쳤고, '다인처 부인'은 사라져버렸다.

1965년, 나는 괴팅엔대학교의 부름을 받아들였다. 이때 우리는 괴팅엔 천문대의 지하실을 일종의 파티 공간으로 개조하여 시험 통과의 축제도 벌이고 초청강연 후에 강연자들과 함께 모여서 토론도 할 수 있는 공간으로 만들자고 뜻을 모았다. 자원봉사 방식으로 학생들, 연구원들, 교수들이 힘을 모아 담에 구멍을 뚫고 벽을 칠했다. 그런 후에 동료들이 각자 '기념품'들을 가져왔다. 예를 들면 뮌헨 연구소 주소가 쓰여 있는 표지판과 유명한 물리학자의 이름을 딴 거리 표지판 같은 것 말이다. 세계 각국의 손님들이 기념품을 가지고 왔다. 그리하여 괴팅엔 천문대의 지하실은 유명해졌고 심지어 천문학 서적에도 그 이름을 남기게 되었다.*

나는 그러던 중 뮌헨 연구소를 들르게 되었고 그곳에서 오랫동안 일해온 연구소 역사의 산 증인인 수위 파울 치어프카와 이야기를 나누게 되었다. 나는 지나가는 말로 '다인처 부인'이 어디론가 파묻혀 볼 수 없게 된 것이 안타깝다고 이야기했다. 그러자 수위는 바로 작업장으로 달려가서 이렇게 외쳤다. "그 조각상의 원래 주인이 연락을 해왔어요. 그것을 되돌려받고 싶다는군요." 그는 작업장 사람들에게 거짓말을 했던 것이다. "맙소사!" 작업장 책임자는 당황하며 말했다. "그걸 어디에 묻었는지

---

* 제오르크 아벨, 『우주의 드라마』, 뉴욕, 1974, 303쪽.

기억나지 않는데 어떡하지?" "그렇다면 한번 잘 찾아보세요." 역사의 산 증인은 이렇게 대답했다.

어쩔 수 없이 작업장 사람들은 쇠막대기를 만들어서 '다인처 부인'을 찾을 때까지 연구소 건물 뒤의 땅 속을 뒤져야만 했다. 그리고 수위는 "그런 상태로 조각상을 주인에게 돌려줄 수는 없다"고 주장하며 그 조각상을 깨끗이 닦게 했다. 우리는 몰래 그 조각상을 내 차의 트렁크에 실었다. 그리고 다음날 '다인처 부인'은 괴팅엔 천문대 지하실에 영예롭게 놓이게 되었다. 그곳에서 '다인처 부인'은 약 30년 동안 보관되었고, 세계 각국의 학술회 초청자들에게 소개되었다.

1996년 2월에 괴팅엔 타게블라트라는 신문의 한 저널리스트가 천문대에 관한 기사를 쓰면서 '다인처 부인'에 대한 조사를 하게 되었다. 수십 년 전에 최초로 이 조각상에 키스를 했던 박사학위 수여자인 빌리 다인처는 그 사이 괴팅엔에서 천문학과 교수가 되었다. 일종의 가족 상봉인 셈이었다. 그는 기자에게 그동안 이 조각상이 겪은 모든 일들을 이야기해주었다. 얼마 후에 이 이야기가 신문에 실렸다. 그런데 이 기사를 괴팅엔의 한 미술사학자가 읽게 되었다. 그는 이 조각상에 대해 잘 아는 사람이었다. 그리하여 이 조각상은 뮌헨에 있는 아돌프 폰 힐데브란트(Adolf von Hildebrand, 1847~1921)의 작업실에서 제작된 것임이 확인되었고, 그 주인공은 당시 뮌헨 사교계의 여인이었던 이레네 자틀러였음이 밝혀졌다. 이 작품의 원본은 뮌헨의 고미술 화랑에 있으며, 고급 카라라 대리석으로 만들어진 복제품은 전시 중의 비행 폭격으로 이웃해 있던 뮌헨 천문대의 정원으로 흘러들게 되기 전까지는 뮌헨에 있는 자틀러 가문의 소유였다. 1997년 베를린의 건축가인 이레네 자틀러의 증손자가 괴팅엔으로 와서 가문의 소장품을 가져갔다. '다인처 부인'은 이제야 가족에게 돌아가게 되었고 베를린에서 평안과 안정을 찾을 수 있게 되었다.

……그리고 그 점이 나는 정말 기쁘다.

잠식된 하늘

내가 아베 르메트르(Abbé Lemaître, 1894~1966)와 만났던 것은 벌써 39년 전의 일이다. 그를 만났던 건 1961년 8월에 캘리포니아의 버클리에서 열렸던 국제천문연맹의 정기 총회에서였다. 르메트르는 우주학에서 명망 있는 학자들 중의 한 사람이었다. 일반 상대성 이론이 발표된 후 얼마 지나지 않아서 그로부터 우주 팽창에 관한 아인슈타인의 방정식에 대한 고전적인 해석이 나오게 되었다.

그런데 버클리에서 르메트르는 우주학이 아닌 조금 다른 일에 대한 이야기를 했다. 당시 추진되고 있었던 미국의 우주 항공 프로젝트인 웨스트 포드에 대해 항의를 한 것이다. 이 프로젝트에서는 길이가 1.27센티미터 정도 되는 수백만 개의 얇은 금속침들을 궤도 안에 가져다놓는 일이 포함되어 있었다. 이 금속침들이 지구에서 오는 무선 전신 신호를 반사시킴으로써 지구 주위의 무선 통신을 가능하게 할 것이라고 했다. 그러나 천문학자들은 이 프로젝트가 성공할 경우에 지구가 금속침으로 된 구름 안에 싸여 있게 되고 거의 모든 전파 경로들이 정지될 것이라고 우려했다. 전파 천문학의 경우 그들의 연구에 방해받지 않는 주파수 영역이 거의 남아 있지 않을 것이기 때문이다.

그러나 천문학자들에게 다행스런 일이 벌어졌다. 1961년 10

월 21일에 금속침들을 막상 궤도 안으로 옮겨놓고 보니 서로 분리되지가 않았다. 아마도 서로 엉겨 얼어붙은 것으로 보였다. 하늘이 르메트르의 기도를 들어준 것이었을까? 두 번이나 금속침들이 위성의 궤도 안으로 쏘아 올려졌다. 이번에는 서로 얼어붙는 것을 방지하기 위해 금속침들을 나프탈렌 알맹이 안에 넣었다. 이 나프탈렌이 기체화되고 나면 금속침들이 분리되도록 설계되어 있었다. 위성 궤도 안에는 좀약 냄새가 진동했다. 그런데 천문학자들에게 다시 한번 다행스런 일이 생겼다. 금속침들은 그저 짧은 시간 동안만 위에 머무를 수 있었기 때문이다. 그래서 오늘날에는 무선 통신을 위해 금속침 대신에 인공위성을 24시간 가동하고 있다.

그러나 이 때문에 천문학자들은 설상가상의 상황에 빠지게 되었다. 인공위성들이 전파를 통해 지구 표면과 의사소통을 한다는 것이 곤란한 상황의 원인이었다. 달에서 발신하는 일반적인 휴대 전화기가 우리에게는 하늘에서 세 번째로 강력한 전파원이 될 수도 있다. 그만큼 천문학자들에게 위성에서 나오는 전파는 연구에 치명적인 것이다. 더구나 위성의 주파수가 전파천문학자들에게 비록 중요하지 않은 대역이라고 해도 모든 무선 통신기는 원래 설정된 파장 외에 추가적으로 다른 파장에도 영향을 끼치기 때문에 늘 문제를 일으킬 소지가 있는 것이다. 특히 방해가 된 것은 1982년부터 활동하고 있는 '글로나스^{GLONASS}'라는 소련의 위치 측정 인공위성이었다. 이 위성은 1,612MHz에서 송신을 하는데, 이 주파수 대역은 바로 성간의 OH 분자들이 우리에게 구름과 별 사이의 움직임 관계와 구조에 대한 정보를 주는 대역이다. 위치 측정 시스템의 송신기들은 대단히 강력해서 그들 각각이 수평선 위로 올라가자마자 OH 관측은 불가능해진다. 1993년에 비로소 더 이상 방해가 되지 않도록 글로나스 송신기의 주파수를 점차 이동시키기로 했다. 2006년이 되어야 계획된 목표가 이루어질 수 있을 것이다.

1998년 가을에는 이리듐^{IRIDIUM} 위성 시스템이 가동되기 시작했다. 이 시스템의 66개 운용 위성들을 통해서 지구의 어디에서나 이동통신 서비스가 이루어진다. 이미 국제 무선통신협회가 1992년에 앞에서 언급했던 대역의 전파 관측에 피해를 주지 말 것을 권고했음에도 이 위성들은 다시금 1,612MHz 가까이에서 송신을 하고 있으며, 그 송신 성능은 글로나스 송신기보다 수천 배 더 강력하다. 이제 유럽에서는 한 가지 합의를 이끌어냈다. 50퍼센트의 시간 동안에는 이리듐 위성이 축소된 성능으로 송신하겠다는 것이다. 특히 밤과 주말에는 이 합의를 꼭 지키기로 했다. 그러나 이 합의는 2006년까지만 유효하다. 2006년 후에는 어떤 일이 일어날지 아무도 알지 못한다. 전파 스펙트럼의 작은 틈들의 가격은 오늘날 메가헤르츠(MHz)당 십억 유로에 이른다. 때문에 수십억의 부담을 감당해야 하는 전화 사업자들은 값을 깎고 정부와 국제적인 통제 기구에 압력을 가하고 있다. 여기에 대해 전파천문학자들은 속수무책이다. 어쩌면 그들은 지구 반대쪽을 향하는 달의 측면에서 관측을 하기 위해 달로 피난을 가야 할지도 모른다.

위성들은 그들의 발광 흔적을 천체 사진에도 남긴다. 이리듐

오늘날의 이야기

위성은 일시적으로 태양빛을 지구로 반사시킬 수도 있고 단시간 동안 만월의 거의 절반 정도로 밝아질 수도 있으며 다른 모든 별보다는 현저히 밝다. 사진에서 이런 위성은 마치 유성의 빛처럼 보인다.

1999년 초에 러시아는 즈나미아 2.5 프로젝트(1999년 2월 4일 미르 위성에서 분리 도중 실패-옮긴이)로 세계를 기쁘게 해주려고 했다. 이 프로젝트는 위성의 거대한 거울을 분리시키고, 이 거울로 태양의 빛을 지구의 임의의 위치에 비추어서 밤을 낮처럼 환하게 밝히는 것이었다. 그런데 아마 이번에도 선량한 아베 르 메트르를—그는 이미 하늘의 축복을 받은 바 있다—하늘이 도왔던 것 같다. 분리 과정에서 파라솔이 펼쳐지지 않아 결국 이 프로젝트는 실패하고 말았다.

그러나 궤도 안에 있는 물체들은 천문학자들의 관측만을 방해하는 것이 아니라 위험하기도 하다. 이미 4년 전에 10센티미

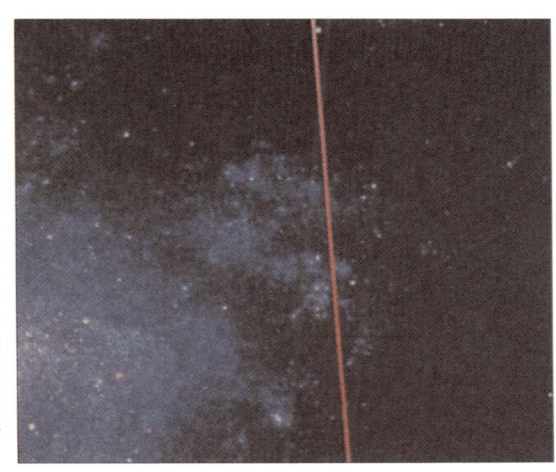

여러 개의 컬러 여광기를 이용하여 찍은 사진에서 한 위성이 빨간색 빛을 내고 있다. 때문에 다양한 색채 사진의 합성에서 위성들은 빨갛게 나타난다. (사진 ESO)

터가 넘는 것만 해도 9천 개의 조각들이 지구 주위를 돌고 있었다. 그 중에는 버려진 위성, 타버린 로켓의 단계별 부품 그리고 폭발의 잔해 등이 있고, 더 작은 조각들은 수백만 개에 이른다. 말하자면 약 1천 킬로미터 높이에서 고철들로 이루어진 벨트가 지구를 둘러싸고 있는 것과 마찬가지다. 마치 시속 15킬로미터로 발사된 폭탄처럼 그런 조각이 어떤 우주선을 뚫고 들어가게 될지도 모른다. 그러나 아직까지는 활동 중인 위성이 길 잃은 물체 때문에 고장이 난 적은 없었다. 또한 다행스럽게도 대부분의 유인 우주 탐사가 이루어지는 약 4백 킬로미터의 높이에는 그런 조각들이 드물다. 이 높이에서는 공기의 저항이 대단히 강해서 작은 조각들은 공기의 밀도가 더 높은 대기권으로 들어가 타버리고 만다. 그러나 1999년 가을에 NASA는 국제 우주 정거장의 위치를 1.5미터 위로 조정해야만 했다. 타버린 페가수스 로켓을 피하기 위해서였다. 사람들은 비교적 큰 쓰레기 조각들을 피하기 위해서 우주 정거장의 궤도를 일 년에 두 번 정도 수정해야 될 것으로 예측하고 있다. 더 멀리 3만 6천 킬로미터 정도의 거리가 되는 곳에서는 우리가 보기에 한 곳에 머무는 것처럼 보이는 우주 정거장인 텔레비전 위성과 무선통신 위성이 돌고 있다. 그리고 버려진 우주 탐사기들은 거기에서 오랜 세월 동안 머문다. 결국 앞서 말한 정거장들을 위한 벨트 안의 자리도 점점 더 좁아지고 있다는 말이다.

미디어와 환경 기구들은 상대적으로 이런 점에 대해서는 관심이 적다. 희귀한 두꺼비 한 마리가 대규모 건설 계획을 정지시킬 수 있는 반면에 우주 궤도 안의 쓰레기들은 전혀 아무런 감정을 자극하지 못한다. 차라리 텔레비전의 새로운 시리즈가 어쩌면 도움이 될지도 모르겠다. 우주선 엔터프라이즈의 영웅들과 '스타 트랙Star Track'의 용사들이 지구 밖을 정리하는 데 조금은 도움이 될 수도 있을 것이다.

……아마도 그 시리즈의 제목은 '스타 드렉Star Dreck (dreck은 독일어로 쓰레기 · 오물이라는 뜻이다 – 옮긴이)'쯤 되지 않을까?

내가 이 원고를 썼을 때는 이리듐 회사가 파산 신고를 했다는 것을 알지 못했다. 그때까지 이리듐에는 5백만 달러 이상이 투자되었고, 66개의 위성들이 추락하게 내버려둘 수는 없었다. 한 회사가 파산 재단으로부터 이 위성들을 25만 달러라는 싼 가격으로 매입했다. 그리고 회사는 이 위성을 미국의 국방부 장관에게 제공했다. 그런데 이때 볼티모어에 있는 존스홉킨스대학교의 학자 모임이 연락을 해왔다. 그들에 따르면 이 위성들에는 자기장에 대한 추천할 만한 측정 기구가 탑재되어 있다고 한다. 이 위성들을 이용하면 태양으로부터 오는 태양풍을 끌어당기는 자기장이 측정될 수 있다고 했다. 2년 후에 우리는 비로소 전파천문학자들의 관측이 위성과 핸드폰 사이의 신호의 방해로부터 안전하게 이루어지는지 확인하게 될 것이다.

저 지구 밖 궤도 안은 어쩔 수 없이 으스스하게 보인다. 1991년에 320킬로미터의 높이에서 돌고 있는 러시아의 우주 정거장인 미르의 외면에 있는 한 기구에 알루미늄과 폴리에스테르로 된 여러 겹의 안전 커버가 씌워졌다. 사람들이 4년 후에 이 커버를 다시 지구로 회수했을 때 거기서 핵분열 발생물인 우라늄238의 흔적이 발견되었다. 어떻게 우라늄이

내 서랍 속의 우주

유성이 아니다. 이것은 태양의 빛 속에서 반짝이고 있는 이리듐 위성이다 (사진 T. W. 영, NASA)

우주 쓰레기 더미 안에 있는 지구

궤도 안에 있는 것일까? 399킬로미터의 높이에서 원자폭탄이 폭발되었던 1962년 7월 9일의 핵무기 실험에서 나온 것일까? 아니면 원자 배터리로 전기가 공급되었던 파손된 위성들에서 나온 것일까? 도는 수천 년 전에 폭발한 초신성에서 나온 것일까?

군사 작전 '호로스코프'

나는 지금 르베리에 크레이터에서 멀지 않은 곳에 있는 '비의 바다(Mare Imbrium, 달의 북부에 있는 어두운 용암 덮인 넓고 평평한 지역 – 옮긴이)'에 서 있다. 나는 정보기관의 남자들이 달의 지층을 여행하고 있는 나를 뒤쫓아왔다는 것을 눈치채지 못했다. 그들은 동독이나 체코슬로바키아를 위해 일하는 사람들일까? 어쩌면 그들은 소련 정보기관의 요원들인지도 모른다.

아니다. 이것은 결코 공상과학소설을 써보려는 시도가 아니다. 이것은 현실이다. 며칠 전에 나는 구 동독 국가안전부의 군사 작전 "호로스코프"에 대한 서류를 손에 넣게 되었다. 이 작전의 목적은 서독 천문학자들의 스파이 활동과 조직적인 접촉 시도를 확인하는 것이었다. 특히 두 명의 용의자를 자세히 조사했는데, 그 용의자는 당시 천문학 협회의 회장이었던 나와 내

달 표면의 '비의 바다'

친구이자 동료이기도 했던 알프레드 바이게르트였다. 그는 동서를 가르는 벽이 세워지던 때 동독을 떠났고, 그 때문에 망명자로서 동독 국가안전부의 의심을 받고 있었다. 그때 우리 두 사람은 괴팅엔에서 일하고 있었다. 작전이 진행되는 동안 1967년 8월에 프라하에서 열렸던 국제 천문연맹의 총회에 참석한 서독의 천문학자들은 철저히 감시받았다. 안전부 요원들은 동독 출신의 천문학자들과 서독 학자들의 접촉마저도 철저히 감시했다. 이 서류를 읽자 내 머릿속에는 그때 프라하에서 열렸던 회의에 대한 기억이 생생하게 떠올랐다.

그리고 당시의 프라하 회의가 전혀 새로운 관점에서 보이기 시작했다. 때는 바르샤바 조약에 의해 군인들이 '프라하의 봄'에 종지부를 찍기 1년 전이었다. 이 서류를 통해 나는 당시 이야기를 자주 나누었던 동료 두 명의 가명을 알게 되었다. 그들은

```
Beide Wissenschaftler wurden während der Zeit ihres Aufent-
haltes durch die Sicherheitsorgans der CSSR beobachtet, und
am 26. 8. und 28. 8. 1967 wurden auf ihren Hotelzimmern in
Anwesenheit des Unterzeichneten konspirative Zimmer- und
Gepäckdurchsuchungen durchgeführt. Das dabei fotokopierte
umfangreiche Material gibt weiteren Aufschluß über ihre
Verbindungen und Einsatzmöglichkeiten und wird mit den
BeobaCHTungsberichten durch die Sicherheitsorgane der CSSR
per Kurier unserem Organ zugeleitet.
Durch zuverlässige inoffisielle Quellen der CSSR wurde der
Verdacht ausgesprochen, daß Prof. ● auf Grund seiner Ver-
haltensweisen für den BND arbeitet. Beweise liegen hierfür
jedoch nicht vor.
```

체코의 학자들도 연루되어 있었다.

국가안전부의 비공식 요원이었던 것이다. 서류에서 그들은 '천문학자'와 '별'이라는 이름으로 불렸다. 나는 다음 몇 줄의 글을 그들에게 바치고 싶다. 그들을 비난하려는 뜻은 없다. 나는 1948년에 이미 소련의 점령 지역을 떠났다. 그곳을 떠나지 않았다면 그후에 가해졌을 동독의 정치적인 압력을 내가 견뎌낼 수 있었을지는 자신할 수 없다. 오로지 그곳에서 압력을 견뎌내며 남아 있던 사람들만이 판단할 자격이 있을 것이다.

친애하는 동료 '천문학자'여! 당신은 소련 학술회의 마세비치 여사가 이끄는 팀이 우리와 어떻게 만났는지 상당히 사실적으로 보고했습니다. 당신의 보고서에는 마세비치 여사가 다음 번에는 우리 팀들 사이에서 학자 교환의 가능성이 있다고 말했을 때 내 '눈이 반짝거렸다'고 쓰여 있었습니다. 마세비치 여사의 말을 듣고 내가 기뻐해서는 안 될 이유라도 있었습니까? 학자들 간의 국제적인 접촉이 얼마나 중요한지는 당신도 잘 알고 있지 않습니까. 보고서에는 마치 내가 학자 교환을 통해 소련의 천문학에 대한 정보를 빼올 수 있을 것이라고 여겨 기뻐한 것처럼 되어 있습니다. 아니면 혹시 당신은 그럴 의도가 전혀 없었지만 단지 굶주린 나라의 소위인 당신의 상사가 그런 내용을 읽기를 원했기 때문에 거짓으로 보고한 것인가요? 나는 언제나 당신과 정치적인 의견은 서로 달랐지만 학술적인 문제에서는 동일한 파장 위에 있다고 생각해왔습니다. 국가안전부의 코흐 중령은 1967년 11월 22일에 '천문학 협회의 실제적인 개혁 방안'을 쓰면서 프라하 회의와 괴팅엔 방문에서 있었던 당신과 나의 접촉에 대해 언급했습니다. 내가 "주어진 가능성과 접촉의 기회를

악용해서 직접 소련으로 들어가려고 시도할 것"이라는 그의 추측은 당신에게서 나온 것입니까? 친애하는 동료 '천문학자'여! 그런 염탐의 시대가 이제 모두 지나가버린 것이 기쁘지 않습니까? 나는 오랫동안 당신에 관한 소식을 듣지 못했습니다. 아직 살아 있습니까? 당신은 나보다 겨우 한 살 어릴 뿐 동년배랄 수 있으니 우리 나이에는 그런 안부를 물어도 좋을 것 같습니다.

친애하는 동료 '별'이여! 당신이 프라하에서 우리가 나누었던 이야기를 아직 기억할지 모르겠습니다. 당신은 그후에 직접 구술로 상사에게 그날의 대화에 대해 보고했습니다. 하지만 나는 결코 '주데텐 독일인 동향 학우회'의 회원인 적은 없었고, 다만 '주데텐 독일인 학회'의 회원이었을 뿐입니다. 이 두 모임의 성격은 전혀 다릅니다. 하지만 당신은 모든 사실을 상세히 보고하지는 않았습니다. 당시 우리는 공산주의의 다양한 흐름에 대해 대화를 나누었습니다. 그리고 나는 레닌과 마오쩌둥의 사상이 어떻게 다른지 알고 싶었습니다. 그때 당신은 언젠가 지나가는 말로 자신도 마오쩌둥에 반대한다고 말했습니다. 그때는 그것이 바로 당신이 속해 있던 당의 노선이었다는 사실은 몰랐습니다. 그저 나는 당신이 동서를 가르는 벽에 반대한다는 말이겠거니 하고 받아들였습니다. 그러자 당신은 거의 30분 동안 반복해서 내가 오해한 것이며 당신은 벽을 저주하는 것이 아니라 마오쩌둥을 저주하는 것이라고 집요하게 확인시켰던 것을 기억합니까? 당신은 내가 당신을 제대로 이해한다는 것을 확인하려고 했습니다. 혹시 내가 그런 이야기를 퍼뜨릴까봐 걱정했기 때문이었죠.

3년이 넘게 계속되었던 이 유치한 작전 때문에 얼마나 많은 에너지가 소진되었던가! 내가 얻게 된 관계 서류는 237쪽에 이르는 분량으로 타자기로 기록한 것이었다. 동료 '천문학자'와 '별'만이 함께 일한 것이 아니라, 비공식 요원으로 '서리'와 '태양' 등도 당을 위해 일한 사람들이었다. 서류에 따르면 바르샤바 조약의 3개국 정보기관은 프라하의 회의 동안 나와 알프레드 바이게르트를 감시했다. 그들은 또한 계속해서 우리가 눈치채지 않게 슬로바키아에서 열린 행성 성운에 관한 학술회까지 내 아내와 나를 뒤따라왔다. 아마도 '호로스코프' 작전에 투입된 예산을 동독의 천문학에 투자했다면 훨씬 더 큰 발전을 이룰 수 있었을 것이다.

1971년 2월 16일에 제18부서의 브레더로프 소위가 포츠담에서 '호로스코프' 작전 수행을 정지하는 결정을 서면으로 작성했다. 그러고는 그 이유를 이렇게 설명했다. "이 작전을 계속 수행하더라도 천문학 협회 또는 그들의 회장인 K 박사의 적대적인 행위에 대한 정보를 수집할 수 없기 때문이다." 말하자면 나는

> Die sowjetischen Genossen gaben ihrerseits die Zusicherung, die vorhandenen inoffiziellen Möglichkeiten zu den operativ interessierenden westdeutschen Wissenschaftlern
>
> Prof. ▓▓▓▓▓▓▓▓▓▓▓ und
> Dr. ▓▓▓▓▓▓▓▓▓▓▓
>
> aus Göttingen zu nutzen und unserem Organ die Ergebnisse in schriftlicher Form zu übermitteln.

소련의 동지들도 도움을 주었다

증거 불충분으로 석방된 셈이다.

내가 구 동독의 국가안전부 서류를 알게 된 이후로 나에게는 자꾸 우스꽝스러운 장면이 떠오르곤 한다. 프라하 회의에서 미국의 동료 학자들은 달의 표면을 찍은 수천 장의 근거리 사진들을 확대하여 대학의 커다란 홀의 바닥에 거대한 모자이크처럼 서로 연결시켜 깔아놓고 그 위에 플라스틱 호일을 덮어놓았다. 그래서 그 위로 직접 걸어가면서 달 표면에 대한 전체적인 인상을 느껴보고 싶은 사람은 신발을 벗어야만 했다. 알프레드 바이게르트와 나는 빈틈없이 감시되는 바람에—왜냐하면 나는 서독 정보기관의 중개자라는 의심을 받고 있었기 때문에—우리의 감시자들도 달 위로 우리를 쫓아와야만 했다.

……그래서 결국 그들도 구두를 벗고 양말만 신은 채 우리를 따라왔다.

위에서 내가 그들을 비난하려는 뜻이 없으며 후에 동독의 정치적인 압력 속에서 견뎌낼 수 있었을지는 알 수 없다고 쓴 점이 많은 비판을 불러일으켰다. 이 부분이 동독의 국가안전부 정보원들에 의한 밀고를 경시하는 것으로 잘못 해석되었기 때문이다. 이 글은 "비공식 정보원과 관련된 일이 그렇게 우려했던 만큼 심각하지 않았고, 내게도 벌어질 수 있었을 일이다"라는 뜻이 아니다. 나는 단지 내 자신의 문제에 관해 언급했을 뿐이다. 나는 제2차 세계대전에 대해 확신이 있어 자발적으로 참전하지 않았던 것인가, 아니면 장애자인 나를 독일 군대도, SS 군단도 원하지 않을 것임을 알고 있었기 때문인가? 또는 내가 당시 죄를 짓지 않은 것을 신체 장애자의 축복으로 생각해야만 하는가? 내가 동독에서 국가안전부의 강요를 따랐을까? 말하자면 이런 식의 개인적인 문제였던 것이다. 자신이 한번도 겪어보지 못한 압력을 얼마나 영웅적으로 잘 버티어낼지 상상할 수 있는 사람이 있다면 그는 행복한 사람이다! 그러나 그런 사람도 실제로는 나만큼이나 확실하게 알 수 없는 법이다.

전혀 쓸모없는 지적 곡예

 내가 휴가 동안 기쁨을 느끼는 이유는 전화, 팩스, 이메일, 일상적인 우편 그리고 마침내 독일의 잡지인 〈슈피겔〉로부터 벗어나 평화를 얻을 수 있기 때문이다. 지난 휴가 때 나는 1998년 8월 24일자 〈슈피겔〉의 '어리석은 일을 위한 노벨상'이라는 기사를 읽고 나서 기분이 완전히 엉망이 되고 말았다. 이 기사는 그해 여름 베를린에서 개최되었던 국제 수학자 회의에 대한 것이었다. 이 기사를 쓴 사람은 세계 각국에서 온 다양한 분야의 수학 대가들을 모두 우습게 만들었다. 이들은 아무에게도 관심을 받지 못하며 전혀 실용적인 가치가 없는 문제들, 예를 들면 고차원적 공간에서의 대칭과 같은 테마로 자신들의 지적 능력을 낭비하는 사람들이며, 그들의 연구는 전혀 쓸모없는 지적 곡예일 뿐이라는 것이 기사의 주된 내용이었다.

 이 기사를 쓴 사람은 오늘날 우리가 그런 연구 덕분에 살아가고 있으며, 몇 세기 전 수학자들이 발견했던 이해하기 어려운 아이디어가 당시에는 전혀 실용적인 가치가 없었지만 지금은 우리가 그것에 의지해야만 하는 귀중한 유산이 되었다는 것을 전혀 모르고 있는 것 같다.

 오늘날 우리는 통신위성을 궤도에 올려놓기 위해, 그리고 그 위에 고정시키기 위해 천체역학을 이용한다. 하지만 천체역학은 몇 세기 전에 아이작 뉴턴Isaac Newton과 시몽 라플라스Simon Laplace 와 같은 학자들에 의해 고안되었다. 천체역학은 오로지 우주 행성들의 움직임을 이해하기 위해서, 그러니까 실생활에는 전혀 쓸모없는 이른바 지적 곡예를 위해서 개발된 것이지 결코 통신위성을 위해서 연구된 것은 아니었다. 뉴턴은 무선통신에 대해선 아는 바가 없었으니 말이다.

거의 2백 년 전에 전류가 가진 중요한 매력이 고작 개구리 뒷다리에 경련을 일으키거나 절연체 위에 서 있는 젊은 여성의 코에서 스파크가 일어나게 하기 위해 전기를 띠게 만드는 정도였을 때 영국의 물리학자인 마이클 패러데이Michael Faraday는 전류가 복종하는 법칙들을 찾아냈다. 당시에 그가 순수한 학술적인 호기심에서 발견한 이 법칙은 나중에 위대한 정치가들의 행동보다 세계에 훨씬 더 큰 영향을 끼쳤다.

1920년대에 프랑스의 물리학자인 루이 드 브로이Louis de Broglie는 물질의 입자들이 때로는 파장처럼 행동한다는 것을 알아냈다. 오스트리아의 물리학자인 에르빈 슈뢰딩어가 그 뒤를 이어 연구하게 되었을 때 그는 진동하는 현

아이작 뉴턴(1638~1727)

의 행동을 이해하기 위해 거의 2백 년 전에 창안되었던 이 수학적 지식으로 거슬러 올라가 도움을 받아야만 했다. 이 연구 또한 더 좋은 악기를 만들기 위해서가 아니라 실질적인 효용성을 훨씬 넘어 이른바 '쓸모없는 지적 곡예'를 위한 것이었다. 또한 베르너 하이젠베르크가 슈뢰딩어와 같은 시대에 양자역학이라는 문제를 다루게 되었을 때 그는 이전 수학자 세대가 만든 또 하나의 전혀 '쓸모없는' 생산품, 곧 행렬 이론의 도움을 받았다. 양자역학은 이때 이후로 우리의 인생을 뒤바꿔놓았다. 양자역학 없이는 현대의 전자공학도 있을 수 없으며, 그것 없이는 예를 들어 인터넷에서 〈슈피겔〉을 볼 수 없을 것이다.

앞서 말한 가련한 글을 쓴 기자는 〈슈피겔〉에서 받은 자신의 급여를 관리하는 은행이 수십 년 전까지 바로 그 '쓸모없는 지적 곡예'의 지식, 곧 정수론을 이용해서 그의 계좌를 보호했다는 것을 몰랐다는 말인가?

지금 당장 아무런 이익을 가져오지 못하는 일에는 시간도 돈도 투자하지 말라는 충고에 대해서는 나도 이미 아는 바가 있다. 독일 전문대학들에서 일어났던 1968년도의 개혁의 시기에 학자들은 연구를 어떻게 할 것인가에 대해 계몽을 했다. 이때 내용을 보면 심지어 고상한 독일 연구 공동체도 학계의 여론을 무시하지 못했다. 이들은

베르너 하이젠베르크(1901~76)

추진할 만한 프로젝트를 판단하는 데 있어 '사회·정치적인' 중요성도 고려해줄 것을 평가단에게 요구했다.

우리는 더러워지고 방사선에 오염된 세계를 후대에게 남길지도 모른다는 우려 때문에 괴로워한다. 그러나 아무도 우리가 수학적 기초가 황폐화된 세계를 후대에게 넘겨주게 될 위험에 대해서는 인식하지 못한다. 단지 소규모의 단체들만이 기초분야 연구를 위해서 남아 있으며 그나마 수학을 위한 단체는 전혀 남아 있지 않다. 나는 호기심이란 윤리적인 갈등을 일으키지 않는 한 인간의 기본권 중 하나라고 생각한다. 그런데 생물학과 의학에서와는 달리 수학에서는 이러한 우려를 할 필요가 없고 천문학에서도 또한 마찬가지다.

휴가 중에 나는 언제나 중요한 신문 기사와 잡지 기사들을 스크랩해놓는다. 1998년 8월 24일의 〈슈피겔〉에는 내가 놓쳤던 또 다른 기사가 있었다. 그 기사는 기초연구에 대한 독일의 지원이 부족하다는 점을 비판하고 있었다. 이 기사가 비로소 나를 다시 진정시켜주었다. 그 기사를 휴가 마지막 날에야 우연히 발견한 탓에 정작 휴가 내내 나의 아내는 매일 저녁 잠자리에 들기 전까지 파리만 잡고 있어야 했다.

앞서 언급했던 〈슈피겔〉에 등장했던 학회에서는 전시회가 함께 열렸다. 이 전시회는 기센의 수학 교수인 알브레히트 보이텔슈파허가 주축이 되어 마련한 것으로, 여기서는 많은 학교에서 터부시되는 수학을 많은 아마추어 그룹들에게 다가가게 하는 것이 목적이었다. 제목은 '손에 잡히는 수학'이었다. 〈슈피겔〉 편집부는 기사에서 이 전시회 이야기를 간단히 언급했다. 그리고 초등학교들을 순회하면서 아이들 앞에서 손 인형으로 무한대에 대해 토론하는 것을 서슴지 않으며 수학의 대중화에 앞장섰던 보이텔슈파허가 2000년 가을에 독일 연구협회의 커뮤니케이터 상을 수상했을 때는 〈슈피겔〉도 그를 칭찬했다. 이를 통해서 우리의 매체도 학습 능력이 있다는 것을 알 수 있었다.

숫자 1의 특별한 의미

우리의 역사책들은 숫자 1을 선호하는 경향이 있다. 바이킹인 라이프 에릭슨(Leif Erickson, 1000년경의 전설적인 바이킹 탐험가-옮긴이)이 미국의 동부 해안에 발을 들여놓았고, 빌헬름 데어 에어오버러는 영국으로 갔으며, 갈릴레이는 자신의 망원경으로 목성의 위성들을 발견했고, 지난 세기의 마지막 개기 일식의 한계선은 유럽을 가로질렀다. 이 모든 일들이 숫자 1로 시작하는 연도에 일어났던 일이다.

이제까지 연도 표시에서 특별한 자리를 차지했던 숫자 1은 숫자 2에게 그 자리를 넘겨주어야만 했다. 하지만 단지 연도 표시에서만 그럴 뿐이다. 숫자 1이 그밖에도 여전히 차지하고 있는 특별한 지위에 대해서 아는 사람은 거의 없다. 또한 미래에도 숫자 1은 우선적으로 숫자들의 첫 번째 자리에서 발견될 것이다.

내 말을 믿을 수 없는가? 그렇다면 여러분이 직접 일간지를 가지고 주가가 표시된 표에서 숫자 1이 얼마나 자주 첫 번째 자리에 나오는지를 세어보라. 0으로 시작하는 숫자, 예를 들어 '0.0234' 같은 경우에는 0을 제외하고 처음 나오는 숫자를 세라. 첫 번째 실험에서는 조사된 숫자들의 첫 자리가 1부터 9까지 비교적 골고루 분포되어 있으며, 숫자 1이 첫 자리에 있는 경우는

오늘날의 이야기

단지 11퍼센트밖에 되지 않을 것이다.

그러나 다시 확인해보라. 여러분이 훨씬 더 많은 양의 주식 시세표를 가지고 실험을 해보면 1로 시작하는 숫자가 30퍼센트 이상이 될 것이다. 그리고 2로 시작하는 숫자는 약 18퍼센트로 비교적 높은 비율을 보인다. 의아하게도 숫자가 커질수록 첫 자리에 나오는 횟수는 줄어들 것이다. 숫자 8과 9는 각각 4퍼센트에서 5퍼센트 정도에 그친다.

나는 지난 휴가 중에 1,046개의 독일 주식 시세표를 세어 조사를 했다. 그런데 1로 시작하는 숫자는 단지 11퍼센트에 그치는 것이 아니라 거의 3배인 28.8퍼센트에 달했다. 2로 시작하는 숫자는 18.8퍼센트였고, 9로 시작하는 숫자는 4.6퍼센트에 불과했다. 나는 프랑스 신문으로도 다시 실험을 해보았다. 그랬더니 프랑으로 표시된 278개의 주가 중에서 29퍼센트가 1로 시작하는 숫자였다. 더 놀라운 사실은 똑같은 표에서 똑같은 주가들을 유로화로 환산한 뒤 다시 세어보았더니 대단히 높은 비율인 32.8퍼센트가 1로 시작하는 숫자였다는 것이다. 물론 환산 후에는 프랑으로 된 시세와는 다른 주식들이 되었다. 나는 천문학에 등장하는 표들 중에서 평방미터로 나타나 있는 89개 성좌의 면적을 살펴보았다. 이들 중 28퍼센트가 1로 시작하는 숫자였다. 방사성 원자핵들의 베타 붕괴(불안정한 원자 핵이 전자 또는

1부터 9까지의 숫자가 첫 자리에 나오는 빈도를 알아본 표. 이 결과는 모든 '일상적 숫자'에서 대단히 유사하게 나타난다

양전자를 방출하고 다른 핵종으로 변환하는 현상-옮긴이)의 시간을 나타낸 어떤 표에는 27가지 핵들이 포함되어 있다. 초 단위로 표시된 이들의 붕괴 시간에서는 1로 시작하는 비율이 27.8퍼센트에 이르렀다.

이러한 특징은 수학자들에게는 이미 오래 전부터 알려진 사실이다. 최초로 이런 특징을 발견한 사람은 당시 미국 천문학의 아버지라고 말할 수 있는 사이먼 뉴컴Simon Newcomb이었다. 그는 자신의 연구소 도서관에서 대수표의 처음에 있는 페이지들이 다른 것보다 심하게 닳아 있는 것을 발견하게 되었다. 그리고 여기서부터 그는 실제의 생활에서도 작은 숫자로 시작하는 숫자들이 9나 8로 시작하는 숫자들보다 자주 나타난다는 결론을 이끌어냈다. 심지어 그는 실생활에서 사용되는 숫자들에서 각 숫자가 첫 자리에 나오는 빈도를 계산할 수 있는 수학적 법칙까지 만들어냈다.* 그러나 1881년에 발표된 뉴컴의 논문은 잊혀지고 말았다.

57년 후에야 비로소 미국의 물리학자인 프랭크 벤포드Frank Benford가 뉴컴의 논문에 대해선 전혀 알지 못한 채 첫 자리 숫자의 특이한 빈도 분포를 새롭게 발견했다. 그리하여 오늘날 사람들은 이를 '벤포드의 법칙'이라고 부른다. 그후로 수학자들은 이런 법칙을 증명하기 위해 노력해왔다. 이때 가장 어려운 점은 어느 정도 양의 숫자들이 표본이 되어야 벤포드의 법칙이 성립하는지가 확실하지 않다는 사실에 있다. '일상적인 생활 속의

---

* 수학 매니아들을 위하여 좀더 소개하자면, 뉴컴에 의해 발견된 법칙은 실생활에 나타나는 숫자들의 소수부가 0과 1사이에 균등하게 분포되어 있다는 것을 보여준다.

숫자'란 대단히 모호한 개념이기 때문이다. 분명히 이런 분포 현상은 우연이 아니다.

그 사실을 여러분은 모자 하나를 이용해서 확인해볼 수 있다. 먼저 0에서 9까지 쓰인 작은 쪽지들을 모자 안에 넣고 임의적으로 하나씩 꺼내서 뽑힌 숫자들을 적어보라. 그리고 그것을 다시 집어넣고 흔들어 새로 뽑는 작업을 반복해보라. 이런 방식으로 임의의 순서대로 얻은 숫자들을 다섯 자리 숫자로 끊어서 정리해보라. 0 이외의 각기 다른 숫자들이 첫 자리에 나올 확률은 각각 11퍼센트에 이른다. 즉 벤포드의 법칙은 확률에서 말하는 '경우의 수'에는 적용되지 않는 것이다. 또한 이 법칙은 기준치나 표준치, 예를 들어서 중간 두께 서적의 가격들, 독일에서 3 또는 4로 시작하고 오스트리아에서는 주로 2로 시작하는 가격들과 같은 숫자들에 대해서도 의미가 없다.

뉴컴에 의해 발견되고 벤포드의 이름이 붙여진 이 법칙은 우연한 숫자들을 이용한 더하기와 빼기와 같은 계산 과정을 통해 생겨난 것이다. 내 설명이 상당히 모호하다는 것을 나 또한 알고 있다. 그러나 이 법칙 자체가 그런 것을 어떻게 하겠는가. 나는 컴퓨터를 이리저리 활용해서 세 개의 경우의 수들을 만들어내고 그것을 서로 곱하는 실험을 십만 번 반복해보았다. 그러자 결과로 나온 숫자들의 첫 자리에 1이 오는 경우는

사이먼 뉴컴(1835~1909)

30퍼센트였다. 나는 숫자들을 더하기도 하고 제곱을 해보기도 했지만 숫자 1은 결코 사라지지 않았다!

숫자 1의 특별한 위치는 물론 우리 숫자 체계 덕택이기도 하다. 이는 우리의 실생활에서 중요한 의미를 지닐 수 있다. 누군가 자신의 세금 신고서의 숫자 나열에 대해 모자와 쪽지 또는 자신의 PC로 경우의 수를 만들어보면 그런 점이 눈에 띄게 될 것이다. 일상생활의 숫자들은 결코 우연히 분포되는 것이 아니라, 벤포드의 법칙에 따라 분포되기 때문이다. 요즘 미국에서는 세무 관리들에게 숫자의 나열이 천문학자 사이먼 뉴컴에 의해 발견된 법칙에 충족되는지 검토하는 방법을 교육시킨다고 한다. 아마도 언젠가는 유럽의 세무 관리들도 그렇게 될지 모른다. 그러므로 여러분의 세금 신고서에 결코 경우의 수들을 속임수로 끼워넣지 말라!

그 대신 도르트문트의 수학자인 발터 크레머^{Walter Krämer}의 제안을 따라보자. 몇 명의 친구들과 아무렇게나 펼친 신문의 한 면에서 처음으로 나오는 수의 첫 자리가 4보다 작을 것이라는데 10마르크를 걸고 내기를 해보라. 안전을 위해 여러분은 연도나 전화번호는 제외시켜야 한다. 이런 숫자들은 벤포드의 법칙을 따르지 않기 때문이다. 아마도 이 내기에서 당신은 승리를 거둘 것이다. 경우의 수에서는 1, 2 또는 3으로 시작되는 숫자가 나오는 경우는 33퍼센트에 불과하지만 신문에서 발견될 일상적 숫자에서는 57퍼센트 정도로 당신이 이길 가능성이 더 크다. 즉 당신이 천 번 내기를 한다면 약 570번은 이기고 430번은 진다는 말이다. 결과적으로 당신이 얻는 순이익은 1천4백 마르크가 될 것이다.

……그리고 그 이익에 대해 당신은 천문학자 뉴컴에게 감사해야 한다.

내장된 천문학자

나는 나이가 들어서 또다시 애호가가 될 것이라고는 생각하지 못했다. 아직 젊었던 시절에는 기숙사에서 별을 관측하며 많은 밤들을 지새우기도 했다. 언젠가는 내가 친구인 볼프강과 함께 내 방의 창문에서 변광성인 알골(Algol, 페르세우스자리 별의 고유명으로 악마를 의미한다. 알골의 변광은 맨눈으로도 관찰할 수 있다 – 옮긴이)의 최소치를 알아내려고 한 적이 있었다. 우리는 30분 간격으로 별의 밝기를 옆에 있는 별과 비교해서 계산하려고 하다가 그만 잠에 푹 빠지고 말았다. 우리에게는 자명종이 없었기 때문이다. 우리가 두 번째 밝기 측정을 한 후 깨어났을 때는 이미 방 안에 햇빛이 비추고 있었다.

이 책의 맨 앞에서 설명했던 것처럼 당시 나는 직접 조립한 망원경을 가지고 있었다. 그것으로 나는 첫 번째 발견을 해냈다. 망원경으로 방패자리에 있는 은하수의 밝은 지역을 관찰하다가 하나의 성운을 보았던 것이다. 망원경에서 나타나는 성운은 혜성일 가능성이 있으며, 그 혜성에는 최초로 발견한 사람의 이름이 붙여진다는 것쯤은 아마추어 천문가들도 익히 알고 있다. 나는 혜성을 발견했던 것이다! 신문에 키펜한이라는 혜성에 대한 기사가 실릴 때 그것을 보게 될 라틴어 선생님의 얼굴을 상상하며 즐거워했다. 아마도 그 선생님은 다음 라틴어 과제에서도 나에게 제일 나쁜 점수를 주어야 할지 고민하게 될 것이다.

혜성들은 날이 바뀌고 주가 바뀌면서 천천히 천체에서 움직인다. 그런데 다음날에도 나의 혜성은 똑같은 자리에 있었다. 분명히 이 혜성도 천천히 움직이고 있는 것이다. 그러나 당시는 전쟁이 끝난 지 얼마 되지 않은 혼란스러운 시기여서 그 별을 계속 관측할 수 없었다. 나중에 누군가 내게 말하기를 내가 혜성을 발견했던 바로 그 천체 자리에 M11 성단이 있으며, 그것은 작은 망원경으로 보면 그저 작은 성운으로만 보인다고 했다. 그리고 나는 그 모든 것을 다시 잊어버렸다.

반세기가 넘는 세월이 흘렀다. 그 사이에 난 천문학자가 되었고, 컴퓨터로 별 모델들을 계산했으며, 태양과 별들에 대한 책을 썼다. 하지만 관측하는 일은 아주 조금밖에 하지 않는다. 그런데 몇 주 전에 5인치 슈미트 카세그레인 망원경, 곧 넥스스타 NexStar 5를 갖게 되었다. 이번에는 예전에 코스모스 렌즈 세트에 투자했던 것만큼 큰 돈을 들일 필요가 없었다. 선물로 받았기 때문이다. 그리고 이제 나는 다시 천문학 애호가가 되었다.

넥스스타라는 이름이 이미 모든 것을 말해준다. 사람이 단추를 누르면 가장 가까운 별이 시계의 한가운데에 나타난다. 더 이상 간단할 수 없는 것이다. 이 기구는 완전히 컴퓨터에 의해 작동되는, 판매사측의 말을 빌리자면 '내장된 천문가'가 들어 있는 망원경이다. 나는 지난 수십 년 동안 아마추어 천문가 세계의 새로운 발전을 따라가는 데 많이 뒤처져 있었기 때문에 넥스스타의 모든 기능을 알게 되었을 때 놀라움을 금할 수 없었다.

우선 조정 작업이 대단히 간단하다. 나는 이 장치를 우리 집 정원에 있는 탁자 위에 세워놓고 대충 남쪽 하늘을 향하게 한 다음 단추를 누른다. 그러면 먼저 망원경 안에 내장된 천문가 동료가 경통을 수평으로 놓으라고 충고한다. 수평을 맞추는 일은 수준기(水準器)만 있으면 충분하다. 그 다음에 장치가 자체적으로 조정 작업을 하기 위해서는 두 개의 별이 필요할 뿐이다. 아르크투루스는 남동쪽의 높은 곳에 있는 별이다. 나는 장치 안에 저장된 카탈로그 중에서 그 별을 선택하고 망원경은 그 별을 향해 조정된다. 나는 단지 그 별을 시계의 중심으로 옮기고 엔터 키를 치기만 하면 된다. 그러고는 두 번째 별을 선택해서 입력한다. 레굴루스는 서쪽 하늘에 있는 별이다. 이번에도 역시 카탈로그에서 그 별을 선택하고 시야의 중앙으로 옮긴 뒤 엔터 키를 친다. 이제 내장된 천문가는 선택된 별들이 어떻게 놓여 있는지를 파악한다. 장치가 조정되고 모터 소리가 그 다음 작업이 진행되고 있음을 알려준다.

그 다음에 일어난 일은 내가 태어나서 한번도 경험해보지 못한 일이었다. 내장된 동료 천문가의 머릿속에는 1천8백 개의 대상에 대한 좌표들이 들어 있다. 그 안에는 밝은 별들, 쌍성, 변광성 그리고 잘 알려진 카탈로그의 대상들, 즉 110개의 가스 성운, 성단, 은하들이 들어 있는 메시에 목록(Messier's catalogue, 프랑스의 천문학자 샤를 메시에가 1784년 혜성 관측을 수월하게 하기 위해 작성한, 혜성과 혼동되기 쉬운 1백여 개의 성단과 성운의 목록—옮긴이)까지 모두 들어 있다. 천체에서 멋지고 가치 있는 모든 것들을 나는 단추 하나로 찾을 수 있는 것이다. 게 성운, 외뿔소자리의 외뿔,

오리온자리의 말 머리도 찾을 수 있다. 막 동쪽에서 떠오르는 고리 성운의 사진도 즉시 얻을 수 있다. 또한 사냥개자리의 은하인 M51도 단추 하나로 나타난다. 이 은하의 나선 구조는 물론 5인치 망원경으로는 알아볼 수가 없다. 그런데 한 가지 곤란한 점이 있다. 자료실에 저장되어 있는 많은 별들이 아라비아 숫자로 표시되어 있는 것이다. 나는 평생 동안 별들의 내부 구조를 연구해왔고, 그 별들이 내적으로 어떻게 보이는지를 알아내기 위해 노력해왔다. 그래서 지금 나는 그 별들이 외부에서는 정작 어떻게 불리는지 알지 못한다.

그러나 나는 저장된 카탈로그에서만 대상을 찾을 수 있는 것이 아니라 좌표들을 입력할 수도 있고 천체에서 해당되는 자리를 보이게 할 수도 있다. 이런 시도가 어느 정도 성공한 후에 나

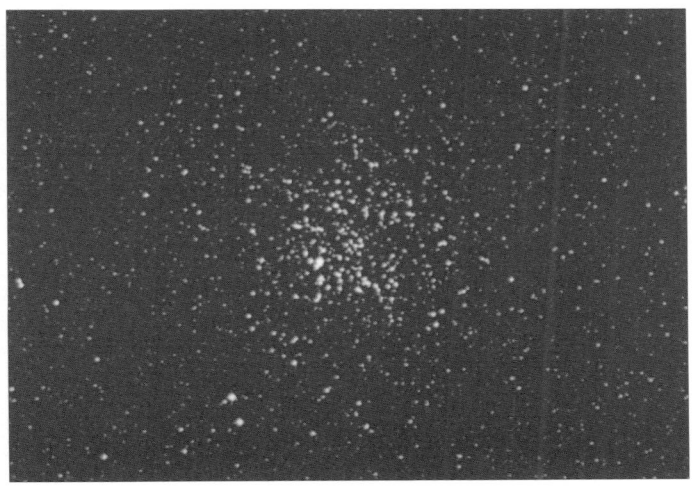

방패자리에 있는 M11 성단

는 자만감에 충만하여 이제 초신성 SN 1987A를 입력해본다. 이 망원경에 내장된 나의 뛰어난 천문가 동료는 약 15년 전에 초신성이 빛났던 대마젤란 성운을 괴팅엔에서 관측하고자 하는 내 바람을 듣고 과연 어떻게 대처할 것인가? 경통이 수평선 아래로 움직인다. 그리고 결국에는 우리 집 테라스의 바닥을 향한다. 말하자면 정원의 마가목 뿌리 방향으로 말이다. 그렇다면 바로 이 방향으로 1987년 2월 23일 당시에 초신성에서 중성미자들이 떨어졌다는 말이 된다. 그리고 중성미자들은 지구를 통과해서 아래에서부터 우리의 땅 위로 왔다는 말이 된다.

지금까지 모든 것이 한 번에 바로 성공하지는 않았다. 그래서인지 셰익스피어의 작품에는 이런 글이 있다. "브루투스, 잘못은 별들에게 있지 않다. 잘못은 우리에게 있다." 실제로 자동 조정 장치가 제대로 작동하지 않을 때 잘못은 언제나 나에게 있었다.

그렇다면 내가 55년 전에 발견했던 혜성은 어떻게 되었을까? 지난밤에 나는 저장된 메시에 목록에서 M11을 선택했다. 내장된 천문학자는 망원경을 동쪽의 방패자리 성운 쪽으로 향하게 지시했다. 그리고 나는 학생 시절에 정확히 나의 혜성을 발견했던 바로 그 자리에 M11 성단이 있음을 보았다.

······아마도 그것은 혜성이 아니었나 보다.

제4장 우주 이야기

초록색 광선

여러분은 '그것'을 한 번이라도 본 적이 있는가? '그것'에 대해 알고 있는 사람이 별로 없다는 것이 난 무척 놀랍다. 그렇게 희귀한 것이 아닌데도 말이다. 나는 쌍안경을 가지고 두 번을 시도했는데 두 번 모두 그것을 관찰할 수 있었다. 네덜란드의 천문학자 마르셀 미나에르트는 인도에서 고향까지 가는 길에 배에서 열 번이나 그것을 보았다고 한다. 우리는 바다 위에서 펼쳐지는 일몰을 관찰할 기회가 생긴다면, 또는 이른 새벽에 태양의 가장자리가 수평선 위로 올라오는 것을 볼 때는 초록빛 광선에 주의를 기울여야 한다. 대부분 그것은 광선이 아니다. 그러나 프랑스에서도 그것을 rayon vert(초록 광선)라고 하고 영국에서도 그것을 green ray나 green flash라고 부른다. 그러나 그것은 어떤 섬광이나 플래시도 아니다.

여러분이 일몰이 일어날 때 배의 난간에 서서 천천히 서쪽의 수평선에 가까워지는 해를 바라보고 있다고 상상해보라. 태양은 깊게 가라앉을수록 점점 더 빨갛게 빛나는 것처럼 보인다. 그것은 태양의 빛이 여러분에게 이르기 전에 낮고 먼지로 가득 찬 공기층을 뚫고 지나가야 하기 때문에 생기는 일이다. 또한 방금 전에 하늘 높이 떠 있을 때는 동그랗던 태양이 타원형으로 보인다. 태양 원반의 너비가 높이보다 더 크게 보이는 것이다.

이것은 공기 중에서 빛이 굴절되기 때문이다. 아래로 내려갈수록 밀도가 높아지는 대기권이 빛을 굴절시킨다. 그래서 우리에게는 별이 실제보다 훨씬 더 높이 있는 것처럼 보인다.

천문학자들도 천체를 관측할 때 이런 점을 고려하며 선장들이 별을 보고 배의 위치를 조정할 때도 이런 효과를 고려한다. 별이 더 깊은 곳에 있을수록 빛은 더 강렬하게 수평선 위로 굴절되어 보인다. 수평선 근처에서는 이 굴절된 빛이 흔히 보름달 이상으로 폭이 넓게 나타난다. 그러므로 우리는 태양과 달이 이미 실제로는 수평선 뒤로 넘어갔을 때도 빛의 굴절 덕분에 아직 그것을 볼 수 있는 것이다. 이제 지고 있는 태양의 맨 위쪽 지점과 맨 아래쪽 지점을 관찰해보자. 맨 아래쪽 지점이 위쪽보다 더 강하게 솟아오르기 때문에—그것은 아래쪽이 수평선에 더 가깝게 있어서 그 부분에서 우리에게 오는 광선이 더 강하게 굴절되기 때문

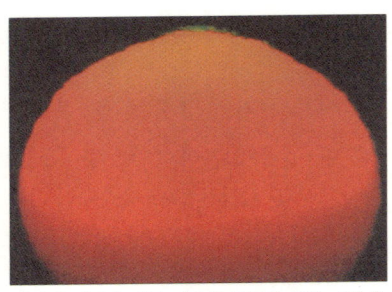

다양한 색깔에 따른 다양한 강도의 굴절 때문에 지고 있는 태양의 위쪽 가장자리에는 초록색 테두리선이 나타난다 (사진 J. C. Casado)

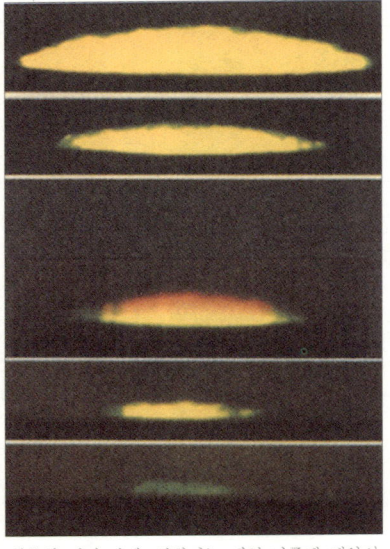

일몰의 여러 단계. 관찰자는 제일 나중에 태양의 위쪽 가장자리에서 초록색의 테두리선만을 보게 된다

이다—우리에게는 태양 원반의 높이가 축소되어 보인다. 곧 높이에 비해 폭이 더 넓게 보이는 것이다. 그리고 여러 가지 밀도의 층들로 구성된 공기층에서의 빛의 굴절은 각기 강도가 다르기 때문에 빨갛게 수평선에 다가가는 태양의 모습은 일그러지고, 수평의 선들이 태양의 가장자리에 층계 구조를 형성한다. 심지어 수평선 근처에서는 태양 원반의 일부분이 자체적으로 분리되는 것처럼 보일 수도 있다.

그런데 굴절은 빛의 다양한 파장에 따라 다양한 강도로 이루어진다. 파장이 짧은 파란색과 초록색의 빛은 파장이 긴 빨강색 빛보다 더 심하게 꺾인다. 그 결과 파장이 긴 빛보다 파장이 짧은 빛이 조금이나마 더 높게 수평선 위에 있는 것처럼 보게 된다. 그래서 태양의 위쪽 가장자리는 초록색을 띠고 아래쪽 가장자리는 빨간색을 띠게 되는 것이다. 평소에는 그런 색을 볼 수 없는데 색을 띤 가장자리 선들이 태양의 눈부신 하얀 빛과 그것으로 인해 비춰지는 천체의 배경들 속에 묻혀버리기 때문이다. 그러나 태양이 거의 완전히 가라앉고 단지 그 위쪽 가장자리만 수평선 위로 걸려 있을 때는 잠깐 동안 그 푸른 빛을 알아볼 수 있다.

그런데 신기하게도 이런 현상에 대한 옛 기록이 하나도 남아 있지 않다. 분명히 태양물리학자인 윌리엄 스완[William Swan]은 1865년 9월 13일에 그 빛을 보았다. 그러나 그는 그 내용을 18년이나 지나서야 글로 적었다. 스완은 지위와 명예를 소유한 사람이었고 태양 표면의 나트륨의 존재를 최초로 증명한 사람들 중의 하나였다. 또한 제임스 프레스콧 줄[James Prescott Joule]도 1889년경에 그것을 보았다. 오늘날 그는 그의 이름이 붙여진 에너지 단위를 통해 우리에게 널리 알려져 있다. 체중을 줄이려는 사람은 자신이 흡수하는 칼로리나 줄(J)에 신경을 써야만 한다. 바닷가에서 살고 있는 주민들은 이미 훨씬 오래전에 초록색 빛을 보았을 것이다. 스코틀랜드의 전설에 따르면 그 광선을 본 사람은 사랑을 할 때 더 이상 잘못을 저지르지 않는다고 한다.

쥘 베른(Jules Verne, 1828~1905)

대중들과 대부분의 학자들은 한 소설을 통해 비로소 이 현상에 대해 관심을 기울이게 되었다. 그 소설은 바로 과학소설의 아버지라고 불리는 쥘 베른이 1882년에 발표한 『초록색 광선』이다. 이 작품은 앞서 말한 스코틀랜드의 전설과 연관되어 있다. 한 젊은 스코틀랜드의 여인인 헬레나 캠펠은 신문에서 이 현상에 대한 기사를 읽게 된다. 그리고 그녀는 가족들이 정해준 남자와 결혼을 하기 전에 그 빛을 보려고 한다. 집안에서 정해준 남자는 세상 물정에 어두운 수학자이며 물리학자였다. 그녀는 바다를 향해 여행을 떠나서 그 빛을 보려고 하지만 공교롭게도 거의 날마다 무엇인가 일이 잘못되는 바람에 실패한다. 한번은 바다의 수평선

쥘 베른의 소설 『초록색 광선』의 독일어판 표지그림

이 보이지 않았고, 그 다음에는 다시 날씨가 나빠졌다. 여행 도중에 그녀는 올리비에 싱클레어라는 젊은이와 만나게 되고 독자들은 그가 선택될 것이라는 것을 예감한다. 독일어 초판의 173쪽에서는 마침내 사건이 다음과 같은 상황에 이르게 된다. "날씨는 좋고 서쪽 바다로의 시야도 잘 보이며 태양이 천천히 수평선 쪽으로 가라앉는다. 이번만큼은 헬레나가 초록색 광선을 볼 것이다!"

아마도 그 다음에 일어난 일은 1세기 훨씬 전의 독자들에게 깊은 감동을 주었음이 틀림없다. 바로 이 순간에 올리비에와 헬레나의 눈이 마주치고 이때 둘 사이에는 불꽃이 타올랐다. 헬레나가 정신을 차리고 올리비에에게서 눈을 돌렸을 때 초록색 광선은 이미 사라지고 없었다.

……결국 그녀는 다시 초록색 광선을 놓치고 말았다.

달의 도깨비불

해군 대장 돈 안토니오 델 울라는 자신의 눈을 의심했다. 혹시 그가 너무 흥분했던 것일까? 1778년 6월 24일 그가 태평양에 떠 있는 배 위에서 관측한 것은 분명히 개기 일식이었다. 그러나 그가 태양 앞으로 움직인 달의 검은 원반 위에서 보았던 것에 대해서는 과거의 어떤 관측자도 보고한 바가 없었다. 그런데 취리히에서 다음과 같은 기사가 실렸다. "……태양이 다시 나타나기 전에 사람들은 달 위에서 빛나는 점 하나를 보았다 …… 돈 안토니오는 이 점이 달에 난 구멍이며 그 구멍을 통해 태양을 보았다고 주장했다."

그후 5년 뒤에 당대의 최고 관측자였으며 앞에서 언급된 바 있었던 영국의 윌리엄 허셜은 어두운 달의 표면에서 빨간 점을 보았다. 이후로 그는 이틀 밤을 연속해서 달이 떠 있는 밤에 세 번의 도깨비불을 보았고 그는 이것이 달의 화산이라고 생각했다. 문헌에서도 달의 어두운 면에서 나타난 발광 현상에 대한 보고들이 반복해서 등장한다

1540년 11월에는 여러 명의 관측자들이 달에서 빛나는 점들을 관찰하고자 했다. 독일의 천문학자이며 브레멘 근처의 그 유명한 릴리엔탈 천문대의 건립자인 요한 히에로니무스 슈뢰터_{Johann Hieronymus Schröter}는 1789년 10월 15일에 달을 관측하던 중에 당

시 일시적으로 그림자가 졌던 '비의 바다' 지대에서 발광 현상을 보았다. 또한 캘리포니아에 있는 릭 천문대의 천문학자 에드워드 S. 홀든Edward S. Holden은 1888년 7월 15일 밤에 달의 그림자 면에 있었던 알프스의 남쪽 기슭에서 밝은 점 하나를 보았다. 지난 세기의 자료 속에는 달에서 발견된 밝은 섬광에 대한 보고들이 많이 발견된다. 그것들은 무려 1천 건 이상에 이르며 그 대부분이 미숙한 관측자들에 의해서였다. 그들은 아마도 그런 현상을 착각이라고 여겼거나 어떤 반사광이 망원경에 포착된 것이라고 여겼을 것이다.

그것은 화산 폭발이었을까? 하지만 달의 표면에 갓 흘러나온 용암의 흔적이 전혀 없는 것으로 보아 그럴 리는 없었다. 그렇다면 그것은 달에 떨어진 유성이었을까? 유성이 충돌 순간에 자신의 운동에너지를 열로 전환시켜 자기 자신과 충돌 지점의 달의 지면을 하얗게 빛나도록 만들었던 것일까? 하지만 보다 오랫동안 지속적으로 이런 도깨비불을 보았던 허셜, 슈뢰터, 홀든의 관측이 그런 가정을 또한 반증한다. 그러나 달의 그림자 면에서 발견된 도깨비불이 실제로 존재하는 것이라면 아마도 다양한 원인이 있을 것이다.

이 짧은 섬광은 달과 유성체의 충돌 때문에 생긴 것이다. 우리는 그 사실을 1999년 11월 18일에서야 알게 되었다. 이날 밤에는 사자자리 유성군이 나타났다. 이 이름은 지구의 관찰자들이 보기에 그 유성들이 사자자리에서 온 것처럼 보이기 때문에 붙여진 것이다. 이 유성들의 모혜성은 1865년 발견된 템플 터틀 혜성으로 지금은 그 뒤에서 유성들이 날아다니고 있다. 매년 11

월의 후반기가 되면 지구는 이 혜성의 궤도에 가까이 지나가게 되고 혜성의 많은 조각들이 대기권에서 타버리게 된다. 이때 관측되는 사자자리 유성군의 유성우$^{meteor\ shower}$는 해마다 다른 인상을 주는데, 그것은 혜성의 조각들이 궤도 위에 균일하게 분포되지 않기 때문이다.

1999년 11월에 지구는 특히 두터운 구름을 통과하게 되었다. 그 절정의 시기에 중부 유럽에는 거의 도처에 악천후가 나타났지만 지중해 부근의 나라에서는 굉장한 장면이 연출되고 있었다. 말라가 출신의 한 관측자가 몇 분 동안 69개의 유성을 보았다고 보고했다. 경험 많은 혜성 관측자들도 감탄했다. 그들도 아직까지 그렇게 인상 깊은 유성우를 본 적이 없었기 때문이다. 그때가 세계시로 2시였다.

같은 시간 텍사스 주의 휴스턴은 19시에 이르고 있었다. 이미 두 시간 전에 아마추어 천문가인 브라이언 커드닉은 14인치 망원경으로 달을 관측하기 시작했다. 텍사스 시간으로 21시 46분경에 그는 달의 어두운 면에서, 그리고 카르다누스 크레이터에서 멀지 않은 곳에서 번쩍거리는 빛을 보았다. 또다시 달의 도깨비불이 나타난 것일까? 이와 같은 시간에 미국 메릴랜드의 데이비드 E. 던햄은 5인치 망원경을 이용해서 달을 비디오 촬영했다. 여기서도 커드닉의 섬광이 관찰되었다. 그런데 나중에 비디오 테이프를 틀어보니 한 개가 아닌 여러 개의 섬광이 나타났다. 하지만 각 섬광이 한 장면에서만 보이기 때문에 우리는 이 빛이 30분의 1초 이상 계속되지 않았다는 것을 추측할 수 있다. 이때부터 달의 섬광은 실제 현상이라는 것이 확실해졌다. 컴퓨터 시뮬레이션에 의해 각각의 유성들은 몇 백 그램의 무게를 지녔음이 암시되었다. 이런 유성들이 시속 71킬로미터로 충돌했을 때 달 지면에는 지름이 약 1미터인 크레이터가 생기는데, 이것은 지구에서 알아보기에는 너무 작은 크기다.

그러나 달의 표면에는 커다란 크레이터들도 무수히 많이 있다. 그것은 태양계의 어딘가에서 온 거대한 유성들이 천체에 끊임없이 인상 깊은 불꽃놀이의 마법을 펼치고 있다는 뜻이다. 율리우스력으로 1178년 6월 18일에는 굉장한 사건이 벌어졌던 것으로 보인다. 제르바스 폰 캔터베리가 쓴 중세의 연대기에는 이런 보고가 들어 있다.

"이 해에 ……달이 바로 다시 보였을 때 다섯 명 이상의 남자들이 ……놀라운 현상을 관찰했다. 초승달이 밝게 나타났다가 갑자기 자신의 위쪽 뿔 부분이 갈라졌다. 분할의 중간 지점으로부터 횃불이 솟구치고 이것은 먼 거리까지 불꽃을 토해냈다."

미국의 천문학자인 잭 B. 하텅 Jack B. Hartung은 약 20년 전에 이 보고에 대해 자세히 알아보면서 해당되는 달의 지점에 조르다노 브루노 크레이터를 따라서 티코 크레이터의 광선 체계처럼 하나의 띠 체계가 있다는 것을 알게 되었다. 조르다노 브루노 크레이터라는 이름은 1600년에 로마에서 화형당한 순교자이자 철학자였

1999년 11월 18일에 사자자리의 유성군에 의한 섬광들이 관측되었던 지점들 (사진 알프레드 파머, LHEA/GSFC)

던 도미니크 수도사의 이름을 딴 것이다. 이것이 가장 최근에 생긴 비교적 큰 크레이터라는 증거들이 몇 가지 있다. 지구에서 볼 때는 이 크레이터가 달 가장자리의 뒷면에 있지만 거대한 유성이 충돌할 때 위쪽을 향해 솟아오르는 분수들이 달의 가장자리 위로 멀리 올라가고 앞서 관측되었다는 '놀라운 현상'을 불러일으켰음이 틀림없다.

달에서 지름이 약 1킬로미터인 구멍을 만드는 충돌은 2만 년에 한 번 일어날 수 있는 일이라고 한다. 하지만 지름이 20킬로미터나 되는 조르다노 브루노와 같은 크레이터는 3백만 년에 한 번 일어나는 경우라고 한다. 그러므로 겨우 9백 년쯤 전에 한 유

우주에서 온 수많은 조각들이 달 위에 떨어져서 크레이터를 만들었다. 이 크레이터들은 공기도 물도 없는 세계에서 십억 년이 넘게 남아 있다.

성이 그렇게 커다란 크레이터를 만들었다는 것은 믿기 어려울 만큼 놀라운 일이다.

……그런데 심지어 이런 장면을 직접 보았다는 목격자도 있다니!

미국의 천문학 잡지인 〈스카이^{Sky}〉와 〈텔레스코프^{Telescope}〉는 2001년 6월에 애리조나대학교의 폴 위더스가 1178년에 달에서 관측되었던 현상의 해석에 대해 의심을 표명했다고 보고했다. 그의 의견에 따르면 조르다노 브루노 크레이터처럼 커다란 크레이터가 생기려면 1억 톤의 달 물질들이 우주 공간으로 사라졌을 것이라고 했다. 또한 지구에서는 1경 개 정도의 밝은 유성들이 몇 주일 동안 밤하늘을 밝혔을 것이라고 주장했다. 그런데 이에 대한 아무런 보고도 없는 것이 이상하다는 것이다. 그밖에도 달 탐사위성인 클레멘타인에 의한 새로운 측정 결과는 이 크레이터의 나이가 9백 살이 넘는다는 것을 알려주고 있다.

크리스마스 트리 장식 속의 우주

 이런 생각은 이미 1870년에 미국에서 출간된 대체의학 의사인 사이러스 리드 티드$^{Cyrus\ Reed\ Teed}$의 책에서 등장한 바 있다. 그리고 약 70년 뒤에 요한네스 랑$^{Johannes\ Lang}$의 『새로운 세계상』이 독일 서점의 진열장에 등장했다. 그 책에 따르면 우리는 내부가 비어 있는 구의 안쪽에 살고 있다. 그리고 우주 전체는 비어 있는 지구 내부에 모두 들어 있다고 한다. 여러분은 수평선을 지나오는 배를 볼 때 먼저 배 위의 구조물이 보이고, 배가 더 가까워진 다음에야 수평선 아래에 숨겨져 있던 선체가 보인다는 사실로 이 주장을 반박하고 싶을지도 모르겠다. 하지만 이러한 '공동空洞 지구 이론'은 그렇게 간단하게 반박당할 만한 것이 아니다. 공동 지구 이론에 따르면 빛이 구부러진 선을 따라 가기 때문에 이 이론 역시 돛대의 끝은 수평선을 지나서야 나타난다고 설명하기 때문이다. 그러니까 우주 비행사가 우주에서 지구를 보면 꽉 차 있는 구로 보이지만, 공동 지구설에 따르면 그것은 단지 구부러진 광선 때문에 그렇게 보일 뿐이다.

 빛은 구부러진 길을 따라 가기 때문에 공동 지구에서는 천문학자들의 거리 측정도 달라진다. 이 이론에서 모든 별들은 중심에 있는 검은 구球 위에 있다. 태양, 달 그리고 행성들은 이 고정된 구의 주위를 둘러싸고 있다. 공동 지구에 있는 관측자의 위

우주 이야기

60년 전에 출간된 요한네스 랑의
『새로운 세계상』

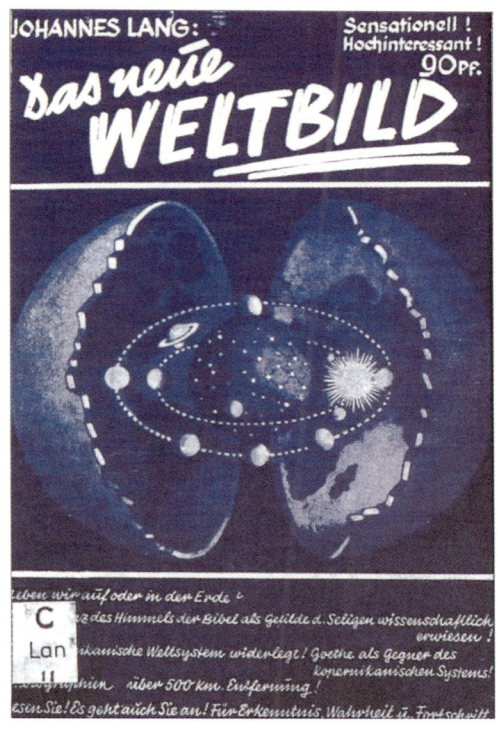

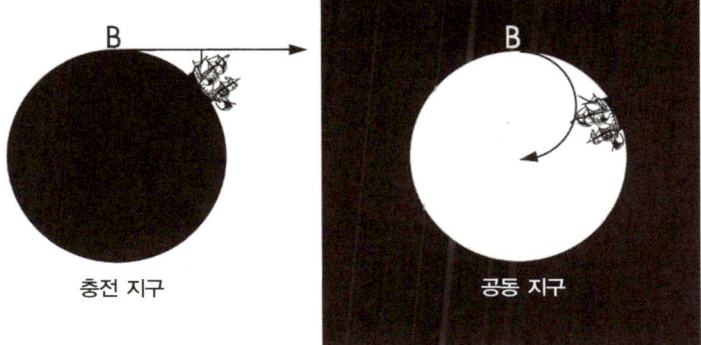

수평선에서 나타나는 배를 보고 있는 관측자 B는 충전 지구 이론에 따르면 먼저 돛대 끝을 보게 된다.
그러나 공동 지구 이론을 따르더라도 구부러진 광선에 의해 돛대의 끝이 먼저 보이게 된다

치에서 태양이 그의 앞에 있으면 그곳은 낮이 된다. 그리고 구부러진 광선이 검은 구의 그림자를 관측자에게 드리우면 그곳은 밤이 된다.

공동 지구 이론의 옹호자들은 또한 몇 가지 '증거들'에 희망을 걸고 있다. 예를 들어 광산에 나란히 걸려 있는 두 개의 연추(건물의 높이를 재는 데 쓰이는, 굵은 줄에 매단 납덩이 – 옮긴이)들은 '충전充塡 지구 이론'에 의하면 당연히 똑같이 지구의 중심을 가리켜야 하지만 실제로는 각기 아래쪽의 다른 방향을 가리킨다고 한다. 이런저런 관측들이 논거로서 여러 번 제시되긴 했지만 그런 관측들은 재현될 수 없는 실험에 속하는 것들이었다.

몇 년 전에 오스트리아의 물리학자인 로만 젝슬(Roman Sexl, 1939~86)은 여기에 대해 논쟁을 벌인 적이 있었다. 물론 그는 공동 지구 이론을 믿지 않았다. 그는 단지 공동 지구 자체는 충전 지구 이론의 세계만큼이나 모순이 없으며, 그런 세계는 실험상으로는 증명될 수도 없고 논박될 수도 없다는 것을 말하고 싶었다. 그의 모델에서 우주는 크리스마스 트리의 장식용 공처럼 보인다. 외부의 모든 점들은 구의 내부에 있는 것으로 여겨지는 반사점을 하나씩 가지고 있다. 수학자들은 이를 '역반경에 의한 복사'라고 말한다.

여러분도 지구 표면을 상상해보라. 지구 반지름 X만큼 떨어져 있는 우주의 점 P가 있다고 가정하자. 그리고 점 P와 지구 중심을 연결해서 생기는 직선 위에, 그리고 중심에서 반지름의 X분의 1만큼 떨어진 곳에 반사점이 있다고 생각해보라. 외부의 점이 더 멀리 있을수록 그것의 반사된 영상은 지구 중심과 더 가까운 곳에 생긴다. 그리하여 여러분은 이런 방식으로 외부 세계 전체를 구의 내부로 반사시킬 수 있다. 우주 전체를 구 안으로 반사시키면 멀리 있는 별들은 지구 중심에 모이게 된다. 그리고 직선들은 지구 중심을 통과하는 원호들이 되고 각도기의 눈금들도 공동 지구에서는 일그러진다. 행성들과 태양과 달은 중심에 있는 성단과 항성계 주위를 돈다.

이런 이론에 따르면 달은 단지 지름이 1킬로미터밖에 되지 않는 작은 물체이며 별로 멀리 떨어져 있지도 않다. 만약 공동 지구가 진짜고 충전 지구는 진짜 세계가 아니라고 말한다면 여러분은 어떻게 이의를 제기하겠는가? 아폴로 11호의 우주 비행사들이 그곳에 가보았고 그들이 본 달은 결코 그렇게 작지 않았다고 말하겠는가? 이런 이의 제기는 소용이 없다. 모든 측정 기준들은 공동 지구의 내부에서 축소되기 때문이다. 또한 우주 비행사들도 공동 지구의 내부로 가는 도중에 축소되며 가져간 모든 물건이나 줄자도 마찬가지다. 그렇다고 아폴로 11호가 착륙했을 때 에드윈 엘드린과 사다리에서 올라온 닐 암스트롱이 서로를 자세히 살펴볼 필요도 없었다. 만약 어느 날 아침에 깨어나 보니 우리 자신을 포함해서 우리 주위의 모든 것들이 반으로 줄어들었다면 우리는 그것이 줄었다는 것을 알아채기 힘들 것이다. 마찬가지로 두 사람도 거의 그런 상황을 알아채지 못했을 것이기 때문이다. 결국 우주 비행은 공동 지구 이론을 반박할 수 있는 증거가 될 수 없다.

로만 젝슬의 공동 지구에는 두 가지의 지구 모델 중 어떤 하나를 특별히 강조하려는 의도가 없다. 그렇다면 우리는 공동 지구설을 믿어야만 할까? 물론 그럴 필요는 없다. 충전 지구의 자연법칙들이 공동 지구에서도 다른 방식에 의해 증명되기는 하지만 이런 설명은 훨씬 더 복잡하다. 때문에 우리는 사고의 경제성을 근거로 충전 지구를 공동 지구보다 선호한다. 그러나 우리가 증명할 수 있는 것은 아무것도 없다.

이와 비슷한 상황이 갈릴레이 시대에도 있었다. 그는 코페르니쿠스의 이론을 옹호하면서 태양, 달, 행성들이 지구 주위를 돈다고 믿었던 그리스의 세계상과 일치되지 않는 관측들, 예를 들면 달처럼 금성도 차고 이운다는 사실을 논거로 제시했다. 그런데 교회에서 이런 주장을 받아들이지 않았던 이유는 프라하에 있던 덴마크의 천문학자인 티코 브라헤가 고안해낸 세계상 때문이었다. 여기에 따르면 모든 천체가 코페르니쿠스가 말한 대로 움직이되, 다만 태양이 아니라 지구가 조용히 서 있는 것으로 되어 있다. 그리고 이 이론도 금성의 변화를 설명할 수 있었다. 결국 코페르니쿠스 이론은 그런 관측으로는 증명되지 못했다. 쾨니히베르크의 천문학자인 베셀이 비로소 1838년에 지구에서 볼 때 일 년 동안 다양한 방향에서 관측되는 항성들의 별까지의 거리를 측정할 수 있게 되었을 때, 천문학자들은 티코 브라헤와 코페르니쿠스의 두 가지 모델 사이에서 어떤 것이 옳은지를 알게 되었다.

그러나 이것도 완전한 결론이라고는 할 수 없다. 기본적으로 멀리 있는 우주의 모든 대상들이 일 년 동안 지구 궤도 지름의 원형 궤도에서 가상의 중심점 주위를 움직이고 있으며 별까지의 거리들은 가상의 것이라는 생각도 가능하기 때문이다. 그러면 우리는 조용히 쉬고 있는 지구에서 항성들의 거리를 관측하는 것이 된다. 결국 이런 세계상은 개가 꼬리를 흔드는 것인지 또는 꼬리가 개와 우주 전체를 흔드는 것인지의 문제와 같은 것이다. 강아지가 꼬리를 흔드는 모습이 우주를 흔드는 꼬리의 모습보다 선호되는 것은 그것이 단지 더 상식적인 것으로 여겨지기 때문이다.

나는 이 주제를 다루기 위해 로트바일에 있는 라이프니츠 김나지움의 상급 교사인 베르너 랑$^{Werner Lang}$과 서신 교환을 하게 되었다. 그는 우리의 세계상에 관해 절대적인 진실이란 결코 존재하지 않는다는 것을 납득시키기 위해 젝슬의 공동 지구 이론을 인터넷과 학생들에게 알린 사람이었다. 충전 지구의 세계상은 단지 공동 세계상보다 조금 덜 어리석을 뿐이다.

……그래서 나는 충전 지구설을 믿는다.

나의 글을 요한네스 랑의 오랜 친구인 헬무트 딜도 읽게 되었다. 그에게서 나는 이 공동 지구 이론의 옹호자의 운명에 대한 몇 가지 이야기를 듣게 되었다. 그는 1899년부터 1967년까지 살았으며, 라이프치히의 기업에서 무역부 부장을 지냈고 제2차 세계대전 때는 자신의 고향인 오펜바흐암마인에 정착했다. 그는 여러 권의 책을 썼으며 공동 지구 이론과 더불어 점성학도 그의 주요 테마였다고 한다.

헬무트 딜과 베르너 랑과의 서신 교환이 기회가 되어 나는 이 주제에 대해 다르게 생각하게 되었다. 어째서 우주가 역탄경에 의해 단지 지구의 내부로만 반사된단 말인가? 나는 그와 똑같은 방법으로 우주를 목성의 내부로도 반사시킬 수 있을 것이다. 그렇다면 공동의 목성 안에서 태양의 주위를 돌고 태양과 함께 11시간에 가운데에 몰려 있는 나머지 우주의 주위를 도는 그런 행성에서 우리가 살고 있다고 볼 수도 있다. 토성의 내부로 반사된 세계라면 특별히 더 흥미로울 것이다. 왜냐하면 그렇게 되면 토성의 고리도 공동 지구로 반사될 테니까 말이다. 이런 모든 반사 세계는 증명될 수 없고 동시에 반박될 수도 없다. 바로 공동 지구의 경우와 마찬가지로 말이다. 나는 얼마든지 다른 예들을 들 수 있으며 크리스마스 트리를 포함한 모든 우주를 크리스마스 트리 장식용 공의 내부로 반사시킬 수 있다. 이러한 지구 모델 또한 반박될 수도 증명될 수도 없다. 그런 식으로 생각하다보면 내게는 물체조차도 필요없다. 나는 그저 공간 어딘가에 있는 점을 생각하고 그 주위에 임의적으로 주어진 반경을 가진 하나의 구를 그린다. 그리고 우주는 역반경의 도움으로 반사된다. 그렇게 보면 무한히 많은 공동세계들이 존재할 수 있다. 또한 나는 지구에서의 반사가 다른 모든 반사보다 우선시되어야 할 학술적인 근거를 들은 바 없다.

인간 원리의 우주론과 단순한 수도사

때때로 우주학자들은 인류가 생겨나기에 꼭 닿도록 자연이 구성되어 있다고 한다. 그러기 위해 모든 기본 상수들은 아주 정확한 값을 지니고 있다. 만약 그런 상수들 중에서 몇 가지라도 원래 자신의 값과 조금이라도 달랐다면 결코 별은 형성되지 못했을 것이며, 하물며 생명을 얻기 위해서 기본 상수들에 의해 적당한 온도가 유지되어야 하는 행성들은 당연히 형성되지 못했을 것이다. 불변의 기본 상수들, 예를 들어 전기를 띠는 두 개의 전하 사이의 힘을 규정하거나 또는 두 물체가 서로 끌어당기는 힘을 정해주는 그런 상수들이 아주 꼭 맞는 값이며, 결코 틀린 값이 아니라는 것은 얼마나 다행한 일인지!

그런데 이런 생각은 사실 새로운 것이 아니다. "우리는 모든 가능한 세계 중에서 최상의 세계에서 살고 있다"고 철학자 고트프리트 빌헬름 라이프니츠(Gottfried Wilhelm Leibniz, 1646~1716)는 주장했다. 그러나 라이프니츠는 아이작 뉴턴이 없는 세상을 더 좋게 여겼을지도 모르겠다. 그는 뉴턴과 디분과 적분에 대한 발표를 둘러싸고 선취권 분쟁에 있었기 때문이다. 라이프니츠는 생명체가 어떻게 진화를 통해 세대에서 세대로 넘어가면서 주어진 환경에 더 잘 적응하게 되었는지를 인식했던 찰스 다윈보다 2백 년 전에 살았던 사람이다. 그러므로 오늘날의 사람들은 이렇게 말할 것이다. "생명체가 세상을 발견해냈고 그것을 최상의 것으로 만들었다"고 말이다.

알자스 출신의 천문학자인 요한 하인리히 람베르트(Johann Heinlich Lambert, 1728~77)는 자연법칙은 신의 창조물을 찬미하기 위해서 가능한 많은 인간들이 존재하도록 되어 있어야 한다고 생각했다. 예를 들어 만유인력의 법칙은 이런 생각에 따르면 지구와 다른 행성들이 결코 충돌하지 않도록 작용해야 한다. 그러나 람베르트는 6천5백만 년 전에 멕시코의 유카탄 반도에서 일어났던 유성 충돌에 대해선 알지 못했다. 이 유성 충돌은 당시 지구의 전반적인 기후를 변화시켰고 아마도 공룡들을 몰살시켰을 것이다. 만약 그때 인류가 존재했더라면 그들은 티라노사우루스와 함께 사라지고 말았을 것이다. 람베르트는 또한 자연법칙들을 이용하여 히로시마 폭탄이 제조되었다는 사실도 알 수 없었다.

20세기의 70년대에 천체물리학자들은 이런 오래된 생각에 다시금 관심을 쏟았다. 물론 지금은 조금 다르게 들리지만 궁극적으로는 같은 내용을 말하고 있다. 곧 자연과 우주 전체는 인간이 생성될 수 있도록 되어 있어야 한다는 생각이다. 오늘날 우리는 그런 견해를 '인간 원리$^{\text{Das anthropische Prinzip}}$'라고 부른다. 인간을 뜻하는 그리스어 anthropos에서 생긴 말이다. 이 원리에서는 인간이 존재한다는 사실이 수소가 우주에서 가장 흔한 물질이라는 관측 사실과 똑같이 우주의 본성으로 간주된다. "우리는 존재하기 때문에 있는 그대로 우주를 본다"는 말로 스티븐 호킹은 자신의 저서인 『시간의 짧은 역사』에서 이른바 '약한 인간 원리' 이론을 표현했다. 처음에 나는 이런 새로운 생각에 감탄했다. 하지만 곧 다시 한번 깊이 생각해보기 시작했다. 과연 그런 생각이 "세계는 있는 그대로 존재한다"는 말 이상의 의미가 있는 것일까 하고 말이다.

호킹은 자신의 이론을 이런 강한 표현으로 피력하기도 했다. "우주는 필연적으로 어떤 기간 동안 생명체의 발전을 가능하게 하는 특성을 지니고 있다." 이런 설명은 일종의 초우주에서 누군가에 의해 무수한 수의 값 중에서 인간의 진화를 가능하게 했던 기본 상수들을 정확하게 선택한 듯한 상황을 떠올리게 한다. 단지 미소한 차이의 다른 수의 값들이 존재하고 우리는 이미 존재하지 않는 것처럼 말이다. 하지만 이런 강력한 원리는 스티븐 호킹 스스로에게도 벅찬 것이었다.

나는 이런 새로운 사고로 무엇을 할 수 있을지에 관한 예들을 찾아보면서 처음에 가졌던 기쁨을 금방 잃어버리고 말았다. 여기에서부터 다음과 같은 결론들이 나왔기 때문이다. "우주의 나이는 수십억 년의 범주 안에 있음이 틀림없다. 생명체가 인간으로까지 발전하기 위해서는 그 정도의 시간이 필요하기 때문이다." 하지만 이것은 일종의 순환논증이다. 생명체가 그런 시간을 필요로 했다는 것을 우리는 다른 발견을 통해 알고 있다. 예를 들면 '우주의 팽창' 같은 이론에서 말이다. 우리는 털끝만큼도 존재하지 않았고, 하지만 자연은 원래 그런 특성을 지녔으며, 결국 불가능한 일이 일어났다는 식의 주장들은 늘 뒤늦게 등장한다.

이것은 오늘날에도 마찬가지다. 최근에 천체물리학자들은 지금도 관측이 가능한 우주의 뜨거운 우주 배경 복사만을 관측하는 COBE(우주 배경 복사 탐사기) 위성의 측정을 통해 빅뱅 후 약 3십만 년 지난 후에 물질들이 생명체로 발전될 수 있도록 그렇게 덩어리져 있었다는 것을 알아냈다. 만약 물질들이 균일한 형태로 분포되어 있었다면 별도 없었을 것이고 행성도 없었을 것이며, 물론 인간도 없었을 것이다. 또한 만약 밀도 요동이 처음에 조금만 더 강력했더라면 형성될 별들이 중력에 의해 서로 자기 주변을 돌고 있는 행성들을 빼앗아갈 정도로 서로 아주 가까이 있게 되었을 것이다. 이런 경우에도 인간은 생성될 수 없었을 것이다. 그런 밀도 요동이 인간의 생성과 발전을 위해 딱 필요한 만큼의 강도로 일어났다는 것은 얼마나 경이로운 일인가?

아니, 나는 이런 점에 대해 전혀 놀라지 않는다. 여기서는 그저 뒤늦게 관측된 배경 광선으로부터 우주에서 생명이 생길 수 있다는 결론을 이끌어냈을 뿐이다. 그렇다면 사람들은 그 전에는 그런 사실을 몰랐단 말인가?

여기서 내 머릿속에는 한 점성가의 모습이 떠오른다. 이 사람은 몇 년 전에 독일을 위해 스파이 활동을 했고 제2차 세계대전 때 처형당한 마타하리의 생애를 연구했다. 그리고 그는 뒤늦게 그녀에게는 별자리 때문에 그런 운명이 올 수밖에 없었다고 확신했다. 나로서는 오히려 그녀가 스파이라는 것이 드러나기 전에 오직 점성술을 통해서만 그녀가 어떤 연극을 했고 이런 행동이 그녀에게 어떤 결과를 가져올지를 알아내는 점성가의 설명이 훨씬 더 인상 깊었을 것이다.

우주는 결코 기적 같은 것을 통해서 그 안에서 생명이 생겨나고 발전될 수 있도록 만들어진 것이 아니다. 생명이 우주에게 적응한 것이다. 나는 인간 원리의 우주론이 다음과 같이 말하는 모젤의 포도 재배자의 논리와 같다고 생각한다.

"나는 내가 재배하는 포도로 우리 가족을 부양할 수 있다. 우리가 포도를 재배할 수 있는 이곳, 모젤에 살고 있는 것은 얼마나 현명한 일인가. 포도 재배자인 내가 에르츠게비르게의 산등성이에 살았더라면 우리는 비참하게 굶어죽었을 것이다."

인간 원리의 우주론은 새로운 것이 아니다. "아니다"라고 중세의 단순한 수도사는 말했다. "하느님이 태양을 낮에 비추게 하고 우리가 잠을 자는 밤 동안에는 비추지 않게 한 것은 얼마나 현명하게 하신 일인가. 만약 그렇지 않다면 으리는 밤 동안 전혀 쉬지도 못했을 것이다."

괴팅엔의 물리학자이며 철학자인 게오르크 크리스토프 리히텐베르크(Georg Christoph Lichtenberg, 1742~99)는 인간 원리의 이론에 대해 깊은 인상을 받은 누군가에 대해 이렇게 비웃듯이 표현했다. "그런 사람은 마치 원래 두 눈이 있었을 자리의 털가죽에 두 개의 구멍이 난 고양이를 보고 놀라는 것과 같다."

나의 빅뱅

나는 빅뱅에 관해 혼자만의 견해가 없지만 거의 모든 사람들이 빅뱅에 대한 견해를 가지고 있다. 내가 빅뱅을 상상하는 것처럼 대부분의 천체물리학자들도 그렇게 빅뱅을 머릿속에 간직하고 있다. 하지만 나는 강연과 연관된 토론이나 독자들의 편지에서 빅뱅에 대한 모순적인 생각들을 접하게 되었고 거기에 대해 내가 올바르다고 여기는 의견을 제시하곤 했다.

심지어 학식 있는 물리학자 중에도 빅뱅에 대해 착각하고 있는 경우가 있다. 바로 우주에 하나의 점이 있었고 거기서부터 대폭발이 시작되었다는 생각이다. 이 이론에 따르면 빅뱅은 다음과 같은 과정을 따라 진행된다. 처음에 무한대의 밀도에 의해 물질들이 이 점에서 비어 있는 공간으로 날아갔다. 그리고 강렬한 폭발 구름이 구 모양으로 확장되었다. 여기에 구형의, 그리고 시간이 지나면서 확대된 폭발 전선에 의해 경계가 그어졌다. 이 경계선을 중심으로 그 앞에는 공간이 비어 있고, 그 뒤에는 야단법석이 일어났다. 우주의 시작을 이렇게 상상하는 사람은 무엇보다도 다음과 같은 모순점에 부딪치게 된다.

첫째, 처음에 물질의 밀도가 그렇게 높았다면 이들의 표면에는 인력이 대단히 커서 이 힘이 심지어 빛을 폭발의 출발점으로 되돌아가게 했고 빛은 외부로 나올 수 없었을 것이다. 그러니까 우주의 물질은 주지한 바와 같이 어떤 물질도 외부로 나갈 수 없는 블랙홀에서 시작되었다는 말이다. 결국 물질들은 전혀 오늘날의 낮은 밀도에 도달할 수 없었다. 그러므로 우리가 오늘날 알고 있는 우주는 전혀 생겨날 수 없었다.

둘째, 만약 우주가 130억 년 전에 생겨났다고 가정하자. 그리고 최근에 발표된 것처럼 120억 광년 거리에 있는 은하 또는 퀘이사를 우리가 보고 있다면, 그것은 120억 년 전에 있었던 곳에서, 그러니까 우주의 나이가 십억 년일 때의 은하나 퀘이사를 보는 것이다. 그러나 어떻게 그런 은하나 퀘이사가 광속을 추월하지 않고서 빅뱅의 한 점에서부터 십억 년 안에 120억 광년의 거리까지 갈 수 있었단 말인가?

셋째, 천문학자 에드윈 P. 허블은 1929년에 이미 은하의 후퇴 속도가 거리에 비례한다는 것을 발견했다. 말하자면 우리에게서 두 배의 거리만큼 떨어져 있으면 두 배의 속도로 멀어져가고, 세 배의 거리만큼 떨어져 있으면 세 배의 속도가 된다는 말이다. 하지만 그런 가정에서라면 아주 먼 어떤 거리에서부터는 은하들이 우리로부터 초광속으로 후퇴해야만 할 것이다. 이것은 상대성 이론과 맞지 않는다.

이런 각각의 논쟁에 대해 나는 항상 이렇게 대답한다. "우주에는, 바로 여기서 모든 것이 시작되었고 또한 여기서 후대에 남을 만한 업적이 이루어졌다고 말할 수 있는 그런 유일한 정점은 없다."

먼저 내가 빅뱅의 개념을 어떻게 보는지 설명해야만 할 것 같다. 내가 오늘날 알고 있는 모든 관측들과 상대성 이론을 포함한 모든 자연법칙들에 전혀 위배되지 않는 모델을 찾으려고 시도하다 보면 유한한 시간 전의 원시 폭발에 대한 생각에 이르게 된다. 이 말은 나도 빅뱅을 믿는다는 뜻이다. 하지만 이런 주장은 빅뱅이 실제로 존재했다는 주장은 못 된다. 빅뱅이 실제로도 존재했다는 주장이 말하는 바를 나는 전혀 이해하지 못하기 때문이다. 우리는 단지 정황증거만을 제시할 수 있을 뿐이다. 일상생활에서 우리가 생각하는 것도 다르지 않다. 한 사건이 살인인지 아니면 사고인지 밝히는 범죄학자도 주어진 흔적, 자연법칙 그리고 인간 행동에 대한 자신의 지식을 어떤 모순 없는 모델에 일치시킴으로써 사실을 밝혀낸다.

관측 결과들은 은하들이 서로 멀어지고 있으며, 빅뱅 이론과 함께 예고되었던 우주 배경 복사가 존재한다는 것을 증명한다. 빅뱅 이론은 또한 최초 몇 분 동안에 생겨난 화학원소들의 농도도 설명한다. 이것이 바로 중요한 관측 사실이다.

그렇다면 위에서 언급된 모순점들은 어떻게 된 것인가? 그런 모순점들은 빅뱅이 우주에 있는 하나의 점에서 일어났다고 가정하는 데서 생긴 것이다. 나의 빅뱅에서는 (최소한 가장 간단한 형태에서는) 처음에 무한한 공간이 무한대 밀도의 물질들로 채워져 있다. 빅뱅과 함께 물질들은 서로 각기 흩어져 날아간다. 어떤 점도 표시되어 있지 않고, 그 어디에도 중심은 없다. 물질들은 각 점의 근처에서 모든 방향을 향해 밖으로 날아갔다. 나의 빅뱅에는 앞에서 제기한 모순들이 존재하지 않는다.

첫째, 물질들은 처음부터 균일하게 분포되어 있었다. 어떤 현저한 밀집 현상도 없었다. 물질의 중력이 모든 물체를 서로 동일한 세기로 끌어당겼다. 결과적으로 나타나는 중력은 0이었다. 광선은 굴절되지 않았고, 블랙홀의 흔적은 전혀 찾을 수 없었다.

둘째, 어떤 물체도 광속 이상으로 움직일 수는 없다는 특수 상대성 이론은 바로 다음과 같은 사실을 알려준다. 만약 내가 한 점에서부터 하나의 섬광을 내보냈을 때, 동일한 출발점에서 그 섬광을 따라잡거나 또는 추월하는 어떤 물체를 따라 보내는 일은 결코 성공할 수 없다는 말이다. 여기서 중요한 것은 '동일한 출발점'이다. 우리가 오늘날 12광년의 거리에서 보고 있는 은하는 한 번도 우리 곁에 있었던 적이 없었다. 그것은 어떤 다른 위치에서부터 움직이기 시작했던 은하다. 여기에 대해서 특수 상대성 이론은 아무런 언급도 하지 않는다.

셋째, 만약에 우리로부터 아주 멀리 떨어진 곳에서 은하가 초광속으로 후퇴한다면 그것은 결코 한 번도 우리와 동일한 출발점에 있지 않았던 것들이다. 그런 경우라면 앞에서처럼 특수 상대성 이론에 위배되지 않는다.

그럼에도 빅뱅은 우리에게 섬뜩한 것으로 남아 있다. 우리가 이론적으로 빅뱅에 대해 자세히 연구할수록 당시 우주를 구성했던 물질 또는 물질과 광선의 혼합물은 점점 더 밀도가 높아지고 뜨거워지는 것으로 나타나기 때문이다. 언젠가는 우리의 물리학이 기능을 발휘하지 못하게 되고 우리는 그 전에 어땠는지 알 수 없게 될지도 모른다. 빅뱅의 직접적인 근거리에서 그후 아주 짧은 순간 동안 일어난 일들은 미지의 세계다. 그래서 나의 빅뱅에서는 물리학적인 과정에 대한 우리의 지식이 더 이상

닿지 못하는 곳에서 생각을 멈춘다. 때문에 나는 단지 오늘날의 우주는 앞에서 표현된 빅뱅에 의해서 생겨난 것처럼 보인다고 말할 수 있을 뿐이다.

아주 최초에 우리에게 지금까지 알려진 물리학이 통용되지 않았던 시대가 있었다. 나는 어떻게 무^{無}에서 우주가 생겨났는지 알지 못한다. 그리고 내가 "그 전에는 어땠을까?"라는 질문에 대답하지 못하는 것을 조금도 고통스럽게 여기지 않는다. 태초에는 우리가 오늘날의 이 평범한 세상에서 알게 된 질량과 에너지의 보전에 대한 이론도 없었고 인과 법칙도 없었으며 시간과 공간의 개념도 없었다. 중요한 것은 단지 우리가 오늘날 알고 있는 우주를 올바르게 표현하는 것이다.

……그리고 나는 빅뱅을 그렇게 보고 있다.

세 가지의 흔한 착각

1929년에 2.5미터 구경의 망원경이 있는 윌슨 산 천문대의 천문학자 에드윈 파웰 허블Edwin Powell Hubble의 논문이 미국 학술 아카데미의 보고서에 실렸다. 그리고 이 논문은 당시의 세계상을 뒤집어놓았다. 논문의 제목은 「은하계 밖 성운에서의 거리와 복사 속도의 관계」였다. 그런데 이보다 5년 전에 허블은 나선 성운이 우리의 은하계, 곧 우리의 은하에 있는 가스 성운이 아니라 우리 은하계 외부의 항성계라는 것을 증명했다. 이에 따라 사람들은 이것을 나선 은하라고 부른다. 이 은하의 스펙트럼 촬영을 통해 거의 모든 것이 상상할 수 없는 속도로 우리에게서 멀어지고 있다는 사실이 드러났다.

새로운 논문에서 허블은 후퇴 속도를 측정한 24개의 은하 목록을 발표했다. 어떤 것들은 시속 5백 킬로미터로, 또 어떤 것은 심지어 시속 1천 킬로미터 이상으로 후퇴하고 있었다. 여기서 허블은 단순한 규칙성을 찾아냈다. 거리가 두 배가 되면 속도도 두 배가 된다는 규칙이 그것이다. 즉 후퇴 속도와 거리는 서로 비례한다는 말이다. 이것이 바로 '허블의 법칙'이다.

에드윈 P. 허블(1889~1953)

이 법칙에서 빅뱅 이론이 생겨나게 되었다. 이 법칙이 우주가 유한한 시간 전에 시작되었다는 것을 말해주기 때문이다. 빅뱅은 대중적인 학술 서적에서 흔히 불분명하게 설명되곤 하기 때문에 자주 오해가 발생한다. 나는 그 중에서 세 가지를 여기서 밝혀보려고 한다.

착각 1. 우리는 우주의 중심에 있다

모든 은하들이 우리에게서 멀어져가고 있다는 사실이 알려지자 우리가 우주에서 특별히 선택된 자리에, 곧 모든 은하들이 멀어져가는 바로 그곳에 서 있다는 생각이 퍼지게 되었다. 하지만 우리는 그것이 단지 표면상의 문제라는 것을 간단한 예를 통해 설명할 수 있다.

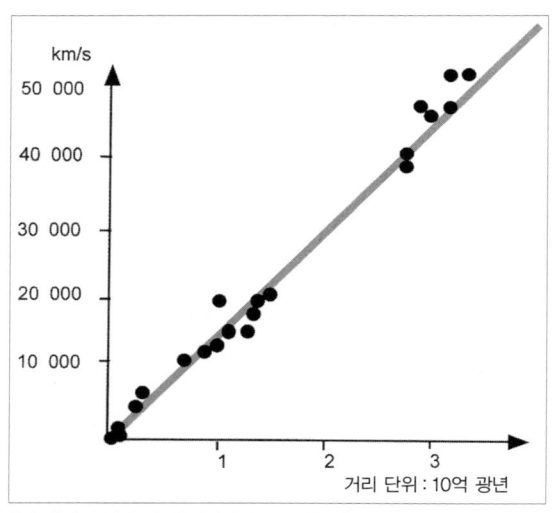

허블의 법칙. 은하들(검은 점)의 거리와 속도는 비교적 한 직선상에 나타나 있다

여러분이 밀가루로 건포도 케이크를 만든다고 상상해보라. 적당한 온도가 되자 반죽이 부풀어 오른다. 이때 우리가 건포도가 되어 같이 들어 있는 다른 건포도들을 관찰한다고 생각해보자. 반죽의 부피가 확대되는 동안 모든 것이 이 건포도로부터 멀어지고, 더 멀리 있는 건포도들은 가까이에 있는 것보다 더 빨리 멀어진다. 거리가 두 배가 되면 멀어지는 속도도 두 배가 된다. 결론적으로 이 건포도는 허블의 법칙을 관찰하게 된다. 하지만 그렇다고 이 건포도가 반죽의 중심에 있는 것은 아니다. 모든 건포도들은 자기가 아닌 다른 모든 건포도들이 멀어져가는 것도 관찰하게 되기 때문이다. 우리의 경우도 마찬가지다. 모든 은하들이 우리로부터 멀어지고 있다고 해서 우리가 우주의 가운데에 있는 건포도라고 결론지을 수는 없다는 말이다.

착각 2. 빅뱅은 한 점에서 시작되었다

허블의 법칙에서 우리가 이끌어낼 수 있는 결론은 단지 우주가 극도의 고밀도 상태에서 시작되었다는 것이다. 이 법칙으로 우주가 한 점에서 출발했다고 단정지을 수는 없다. 빅뱅이 한 점에서 시작된다는 생각의 모순점은 이미 내가 앞에서 언급한 바 있다. 물론 허블의 법칙과도 일치하며 모순점이 없는 생각들도 여러 가지 있다. 가장 간단한 것은 우주가 처음부터 무한히 팽창되었으며 거의 무한대 밀도의 물질들로 가득 차 있었다는 생각이다. 마치 오늘날 은하들이 그런 것처럼 이때부터 모든 장소에서 물질들이 후퇴했다는 이론이다. 우리의 관측이 모든 점에서 시작되는 빅뱅이론과도 맞지 않지만 유일한 한 점에서 시작되는 빅뱅 이론도 자세히 들여다보면 물리학 법칙들과 모순된다는 점은 차치하고라도 역시 우리의 관측에 들어맞지 않는다.

착각 3. 허블의 법칙에 따르면 은하들은 점점 빠른 속도로 서로에게서 멀어지고 있다

여기서 다시 한번 건포도의 경우를 상상해보자. 모든 건포도들이 거리가 더 멀수록 더 빨리 서로에게서 멀어지고 있다. 그렇다고 해서 반죽이 자신의 부피를 점점 빠른 속도로 확대시킨다는 말은 아니다. 비록 반죽의 부풀림이 이스트의 영양소가 천천히 소비되어서 점점 더 적은 탄산이 생기기 때문에 더 느려진

윌슨 산 천문대의 2.5m 구경 망원경. 허블은 이 망원경을 이용해서 나선 성운이 우리의 은하계와 같은 항성계이며, 은하들의 거리와 후퇴 속도가 단순한 규칙성을 따른다는 것을 알아냈다. 이것은 나중에 '허블의 법칙'이라고 불리게 되었다.

다고 해도 각각의 건포도들은 허블의 법칙을 관찰하게 된다. 은하에서도 마찬가지다. 예를 들어 오늘날 10억 광년 거리에 있는 은하 A가 시속 2만 킬로미터로 우리에게서 멀어지고, 20억 광년의 거리에 있는 은하 B가 시속 4만 킬로미터로 멀어지고 있다고 하자. 그렇다고 은하 A가 미래에 20억 광년의 거리에 올 때 마찬가지로 시속 4만 킬로미터로 우리에게서 멀어질 것이기 때문에 그 사이 속도가 더 빨라질 것이라고는 말할 수 없다. 허블의 법칙은 오늘날 우리가 보고 있는 것을 표현한다. 그러나 이 법칙을 통해서 은하들이 미래에 어떻게 움직일 것인가를 알 수는 없다. 우리의 관측도 몇 십억 년 후에 은하들이 허블의 법칙대로 서로 멀어질지 또는 허블의 그래프에서 가로로 편편한 직선을 만들지 또는 급경사의 직선을 만들지를 알려주지는 않는다.

요즈음 팽창의 '지연' 또는 '가속'의 원인들에 대한 연구가 빈번하게 시도되고 있다. 전자는 중력에 의해, 그리고 후자는 아마도 아인슈타인의 우주 방정식에서 유추된 물질 간의 상호작용인 우주척력에 의해 일어날 수 있을 것이다. 만약 그런 일들이 생긴다면 그것은 단지 가장 멀리 있는 은하들이 허블의 법칙을 아주 미소하게 벗어나는 정도일 것이다.

빅뱅 이론에서 우주는 약 150억 년 전에 시작되었다. 그 전에는 어떠했을까? 물질이 (또는 이와 같은 것이라고 할 수 있는 광선이) 그곳에 존재하게 되었을 때 비로소 사람들은 시간의 흐름에 대해 말할 수 있었다. 물질 없이는 시계도 없고, 시계 없이는 시간도 없다. 그런데 우리는 이런 논리를 받아들이려고 하지 않는다. 우리의 사고는, 특히 우리의 견해는 일상생활의 경험에서 생겨나기 때문이다. 우리의 주변은 항상 많은 시계들로 둘러싸여 있다. 꼭 전자 시계나 뻐꾸기 시계가 아니더라도 말이다. 모든 원자와 모든 광선이 자신들의 진동을 통해 일종의 시계 역할을 한다. 시계가 아직 없었던, 그러니까 시간적인 흐름이 없었던 시대에 대한 생각은 의미가 없다. 그러므로 "그 이전에는 어땠을까?"라는 질문은 우문에 지나지 않는다.

여러분은 이런 생각을 쉽게 받아들일 수 없는가? 하지만 묻는 것 자체가 무의미하기 때문에 아예 제기되지 않는 질문들은 얼마든지 있다. 여러분이 태어난 날에 대해 생각해보라. 그날부터 9개월 전에 여러분의 몸이 될 세포들이 형성되었다. 그렇다고 여러분이 이런 의문을 갖지는 않을 것이다.

"그러면 나는 그 이전에 도대체 무엇을 하고 있었을까?"라고 말이다.

밤이 어두워지는 두 가지 이유

우리가 숲을 바라볼 때 어느 정도의 거리까지는 가까이 가야 각각의 나무들을 알아볼 수 있다. 그보다 멀리에서 볼 때는 나무들이 가려지고 겹쳐 보여서 우리에게는 단지 숲 전체가 보일 뿐이며 세세한 나무들은 보이지 않는다. 하늘의 별들도 비슷한 상황일 것이다. 우주가 무한대까지 별들로 가득 차 있다면 우리가 하늘을 바라볼 때는 언제나 빛나는 별들의 표면만을 보는 것일지도 모른다. 천체는 수십억 개의 작고, 부분적으로 감춰진 별들로 구성되어 있을 것이고, 결국 천체는 태양의 표면처럼 눈

일정한 거리를 넘어 멀리서 숲을 바라보면 숲의 나무들이 서로를 덮어버려서 시야가 가려진다. 우리가 하늘을 바라볼 때 별들이 무한대로 채워진 우주에서도 별들이 서로를 덮어 가리고 있음이 분명하다

부시게 밝을 것이다.

그렇다면 왜 밤에는 어두워지는 것일까? '어두운 밤하늘'이라는 수수께끼는 브레멘의 의사이자 천문학자인 빌헬름 올베르스Wilhelm Olbers의 이름이 붙여져 '올베르스의 패러독스'라고 불린다.

여러분은 혹시 누구에게서 그 첫 번째 해답이 나왔는지 알고 있는가? 1848년 2월 3일에 뉴욕의 사회 도서관에서 두 시간에 걸친 강연회가 열렸다. 강연의 제목은 '우주진화론에 대하여'였다. 그런데 이 강연의 주인공은 천문학자가 아니라 39세의 미국 시인이며 작가였던 에드가 앨런 포Edgar Allen Poe였다. 그는 여기서 올베르스의 패러독스에 대해서도 언급했다.

"만약 별들이 끝없이 늘어서 있다면 우리에게 하늘은 언제나 같은 형태로 빛나는 것처럼 보일 것이다. ……하늘에 별이 떠 있지 않는 점들은 하나도 없을 테니까 말이다." 그리고 그는 바로 이어서 이렇게 말했다. "생각할 수 있는 유일한 해답은 눈에 보이지 않는 이런 배경까지 거리가 너무 멀어서 빛이 거기에서 우리에게 아직 도달하지 않았다는 설명뿐일 것이다." 결정적인 전환의 열쇠는 바로 '아직'이라는 말에 있다. 포는 우주가 유한한 시간 전에 시작되었다고 가정하고 있다. 그런데 이것은 1929년에 비로소 우주 팽창의 발견을 통해서 확인되었다. 바로 여기에 해답이 들어 있다.

빌헬름 올베르스(1758~1840)

별의 빛은 아주 오랜 시간 후에야 우리에게 도달한다. 별들이 더 멀리 있을수록 우리에게 오는 시간은 더 오래 걸린다. 그러므로 우리는 멀리 있는 물체를 지금 있는 상태로 보고 있는 것이 아니라 빛이 그 물체에서 출발했을 때의 상태로 보고 있다. 이것을 구체적으로 알아보기 위해 우리가 빛의 속도가 달팽이보다도 느린 마법의 세계에 있다고 가정해보자. 그리고 그 세계에 있는 어떤 산의 꼭대기에 올라가서 경치를 바라본다고 생각해보자. 우리는 앞의 가정대로 당연히 짧아졌을 55광년의 거리에서 제2차 세계대전 후에 남겨진 사람들과 나무들을 볼 수 있을 것이다. 그리고 그 주변에서 폭탄들이 터지는 장면도 보게 된다. 그리고 망원경으로 수평선까지 내다보는 사람은 아마도 나폴레옹이 패배한 채 러시아에서 돌아오는 모습도 볼 수 있을 것이다. 이것은 대단히 특이한 경치 감상이리라.

하지만 우리는 바로 우주를 이런 방식으로 보고 있다. 아주 멀리 있는 물질들을 과거의 모습대로 보고 있는 것이다. 만약 누군가 충분히 멀리 내다볼 수 있는 사람이 있다면 그는 우주의 시작도 볼 수 있을 것이다. 우리 한번 무한한 전 우주에서 일식의 시간이 지난 후에 갑자기 모든 곳의 별들이 빛을 발한다고 가정해보자. 그러나 우리는 이 사건이 있은 지 1년 뒤에도 단지 우리로부터 1광년보다 가까이 떨어져 있는 별들만을 보게 될 것이고, 1광년 밖에서 빛을 발했던 별들의 빛은 아직 우리에게 도달하지 않았을 것이다. 세월이 흐르면서 빛을 발했던 더 많은 별들이 우리에게 보이게 될 것이다. 그러나 우리가 서로 겹쳐 있는 모든 별들을 볼 수 있고, 그 별들의 빛이 벌써 우리에게 도착할 만큼 우주는 아직 그렇게 나이가 많지는 않다.

만약 우주가 150억 년 전에 시작되었다면 우리는 150억 광년 이상의 거리에서는 어떤 별도 전혀 보지 못한다는 말이다. 그곳에 아직 별들이 없었을 때 빛이 거기서부터 보내졌을 테니까 말이다. 그리고 예를 들어 160억 광년의 거리에 있는 별들의 빛은 아직 오늘날까지 우리에게 도착할 수가 없다.

이것이 바로 '올베르스 패러독스'의 해답이다. 오늘날 우리가 보고 있는 우주에서는 별들이 서로를 덮고 있지 않다. 그러므로 우리는 별들 사이에서 아직 별이 없었던 과거를 보고 있는 것이다. 그래서 밤이 어두운 것일까?

그러나 우주의 탄생은 어둠과 결부되어 있지 않았다. 이런 사실은 1967년에 공간의 모든 방향에서부터 균일하게 우리에게 오는 극초단파가 발견된 이후부터 알려지게 되었다. 이 광선은 우리가 쓰는 전자 레인지의 광선과 비슷하다. 단지 극도로 가늘 뿐이다. 여기서 빅뱅은 고온에서 시작되었음이 분명해졌다. 우리가 공간을 멀리 바라보면 우리의 시선은 별들을 지나쳐서 뜨거운 원시 물질과 만난다. 그것은 주로 수소 가스다. 그러나 이것은 3천 도 이상의 온도에서 불투명해진다. 그러므로 온도가 더 높았던 과거 시간으로의 시선은 우리에게 허용되지 않는다. 3천 도나 되는 수소로 된 불투명한 벽이 우리의 시야를 막는다. 우리는 별들을 지나쳐서 뜨겁고 빛을 내는 가스들을 보게 된다. 그렇다면 왜 밤하늘은 환하게 빛나지 않는 걸까?

우주는 팽창하고 있다. 빛의 파장은 아인슈타인의 일반 상대성 이론에 따르면 공간의 작은 요철이다. 우주의 팽창과 함께 빛의 파장은 우리에게 오는 도중에 늘어난다. 우주의 극초단파 광선은 원래 섭씨 3천 도의 온도를 가진 물질로부터 보내졌지만 시간이 흐르면서 열기가 식어 우리에게 도착할 때는 약 영하 270도의 얼음처럼 차가운 우주 배경 복사 광선으로 돌아온다. 이들은 우리의 눈으로는 볼 수 없는 것들이다. 그것이 바로 왜 밤에는 어두워지는가에 대한 두 번째 이유다. 이것은 '올베르스 패러독스'에서 서로를 덮고 있는 별들과는 아무런 상관이 없다.

……그런데 이런 이유들이 자주 뒤죽박죽이 되곤 한다.

옮긴이의 글

우주는 우리 인간에게 언제나 무한한 연구의 대상이었다. 그리고 오늘날에도 우주의 신비를 캐려는 노력은 끊임없이 계속되고 있다.

이 책의 번역이 마무리 되어가던 지난 4월, 신문에서 한국의 과학자들이 개발에 참여했던 세계 유일의 자외선 우주 망원경이 발사되었다는 기사를 읽었다. 이 자외선 우주 망원경의 성능은 기존의 우주 망원경보다 월등히 좋아서 우주의 신비를 알아내는 데 큰 도움이 될 것으로 기대된다는 내용이었다.

그리고 얼마 지나지 않아 5월 초에는 일본이 소행성 탐사선을 발사할 것이라는 기사를 접하게 되었다. 1998SF36이라는 소행성을 탐사하고 돌아올 소행성 탐사기 뮤지스가 탑재된 로켓이 일본의 우주 공간 관측소에서 쏘아 올려질 예정이라고 했다. 이 뮤지스에는 지구인 88만 명의 서명이 새겨져 있다고 한다. 자신의 서명을 소행성으로 보내고 싶어하는 전 세계 149개국의 사람들한테서 모집한 것이다. 많은 사람들이 이 탐사기가 왕복 4년이라는 긴 여행을 무사히 마치게 되기를 고대하고 있다.

이 책을 번역하는 동안 특별히 우주과학에 더 많은 관심을 가지게 된 탓인지 간간이 우주 탐사에 관한 새로운 소식들을 접할 수 있었다. 우주는 그렇게 늘 우리의 관심사이며 탐구의 대상이다. 우주에 관한 인간의 지속적인 관심과 더불어 천문학은 긴 세월 동안 많은 발전을 거듭해왔다. 그리고 때때로 우리들을 놀라게 하는 발견과 연구 결과를 내놓았다. 우리가 저 멀고 광활한 미지의 세계인 우주에 대해 품고 있는 많은 궁금증들은 오로지 천문학 연구진들을 통해 해결되어 설명되곤 한다.

그러므로 고대 그리스부터 오늘날까지 수많은 시행착오를 거치며 때로는 세대를 바꿔가며 밝혀낸 우주에 관한 정보들은 천문학에 평생을 바쳤던 많은 학자들의 끝없는 노력의 결과인 것이다. 이 책을 번역하며 새삼 그런 학자들의 노고가 소중하게 여겨진다.

루돌프 키펜한은 독일의 천문학자로서 세계적으로 인정받는 사람이다. 그가 이 책을 내면서 가졌던 바람은 이미 '들어가는 글'에서 밝힌 바와 같이 평범한 독자들에게 천문학에 대한 관심을 불러일으키고 독자들이 그 재미를 함께 느끼도록 돕는 것이었다. 사실 이 책은 〈스타 옵저버〉라는 잡지에 저자가 기고했던 칼럼들을 모아서 편집한 것이다. 그래서인지 칼럼을 읽을 때 느낄 수 있는 독특한 맛도 느낄 수 있고, 더불어 우주와 관련된 재미있는 상식들과 숨겨진 에피소드들도 접할 수 있다. 이 책을 좀더 흥미롭고 독특하게 만드는 점들이다.

이 책은 잡지에 실렸던 칼럼들을 크게 과거의 인물들에 얽힌 이야기, 확실한 결론을 내리기 어려운 이야기, 오늘날 벌어지고 있는 이런저런 이야기 그리고 현재 논의되고 있는 우주 이론 등으로 분류하여 정리해놓았다. 특히 개기 일식에 대한 이야기들이 많이 포함되어 있는데, 이는 지은이가 밝힌 바와 같이 글을 썼던 당시(1999년)에 있었던 개기 일식에 대한 기대감과 설렘이 컸기 때문이었다.

루돌프 키펜한이 들려주는 이야기들은 천문학에 대한 전문 지식이 없는 사람들이라도 어려움 없이 우주의 신비와 우주과학의 재미를 느껴볼 수 있다는 점에서 큰 매력을 지닌다. 천문학 외적인 다양한 소재들을 이용해서 독자들의 관심을 어느새 우주로 돌리게 만드는 지은이의 글 솜씨와 다방면에 걸친 풍부한 상식이 감탄할 만하다.

만약 천문학에 이미 관심을 가졌던 독자들이라면 아마도 제4장의 이야기들에 대해 더욱 흥미를 느낄지 모르겠다. 다른 장에 비해 좀더 상세하게 우주이론을 다루기 때문이다. 그리고 아직 우주과학에 대해 생소한 독자들이라면 그밖의 이야기들을 부담 없이 읽으면서 우주에 대한 새로운 관심을 갖게 될 수 있을 것이다.

끝으로 옆에서 원고를 읽어준 사랑하는 남편과 좋은 책을 선별하고 함께 애써주신 들녘 출판사에게 감사의 뜻을 전한다.

2003년 7월, 신혜원

인명 찾아보기

ㄱ

가우스, C.F. 103~7
갈, F.J. 104
갈레, J.G. 53
갈릴레이, G. 18~9, 22~3, 34, 140, 168
겔라, U. 40
구이아르트, V. 78
구텐베르크, J. 91~6
그레고리우스 13세 74

ㄴ

노스트라다무스 77~82
뉴컴, S. 142~5
뉴턴, I. 42, 136, 171

ㄷ

다윈, Ch. 171
다인처, W. 115
더글러스, A.E. 98~101
던햄, D.E. 160
도미니크, H. 46
도일, A.C. 41
딜, H. 169

ㄹ

라스비츠, K. 45~50
라이프니츠, G.W. 171
란너, J. 83
람베르트, J.H. 172
랑, J. 164
랑, W. 165, 169
로바체브스키, N.I. 110
로웰, P. 98~9
루트비히 14세 25
르메트르, G.E. 120~1, 123
리드, C. 164
리히텐베르크, G. Chr. 175

ㅁ

마리우스, S. 34
마세비치, A. 130
마오쩌둥 131
마이어, Fr. 57~8
마타하리 174
말베르크, H. 74
메시에, Ch. 148
무케, H. 65, 68~9
미나에르트, M. 153
미우스, J. 68~9
밀로세비치, S. 82

ㅂ

바데, W. 38
바버, L. 85
바이게르트, A. 129, 132~3
바이스, E. 40
반트 호프, J. 85
베네딕트(성자) 63~6
베네케, O. 52
베르니케, C. 104
베른, J. 49, 156
베버, W. 110
베셀, F.W. 168
베어, A. 112
벤포드, F. 142
보이텔슈파허, A. 138~9
볼프, M. 37
뵈트 E. 23
브라헤, T. 168
브로카, P. 104
브루노, G. 161~3
브리스, H.-L.de 6
비어만, L. 52, 56, 58~60, 112
비츠, K. 57
비트만, A. 103, 105
빌링, H. 51~2
빌트, R. 112
빌헬름 데어 에어오버러 140

ㅅ

샤이너, Chr. 34
센투리오 78
소비에스키, J. 26
쉘러, Chr. 83
쉬어슈테트, Chr. v. 86
쉴뤼터, A. 54

슈뢰딩어, E. 136~7
슈뢰터, H. 158~9
슈미트, H.-U. 57~8
슈바르츠실트, K. 111
슈바르츠실트, M. 112
슈왑, R. 92~3
슈툼프, P. 54
슈트루베, O. 110
슈트릭링, W. 68, 71
슈팀머, T. 16
스완, W. 155
스콧, R.F. 34
스키아파렐리, G.V. 98
슬레이드, H. 44
실버, K. 69
심슨, O.J. 79

ㅇ

아담크체브스키, M.J. 13
아문젠, R. 34
아벨, G. 117
아인슈타인, A. 107, 120, 185, 190
아잠, C.D. 62~3

아잠, E.Q. 61~3
알트, F. 85, 87~8
암스트롱, N. 167
애트워터, B. 97
에릭슨, 라이프 140
에스페낙, F. 70~1
엘드린, E. 167
예르겐스, K. 54
오폴처, Th. v. 64~5, 67~8
올베르스, W. 188, 190~1
와플러, H. 46
울라, A. v. 158
웰스, H.G. 47
위더스, P. 163
이아체타, M. 5

ㅈ

자틀러, I. 114, 118~9
제르바스 폰 캔터베리 161
젝슬, R. 166~7, 169
주프, M. 16
줄, J.P. 155

ㅊ

첼너, K.F. 41~4

츠비키, F. 38

치골리, L. 19~20, 22

치어프카, P. 117

ㅋ

카일, K.A. 65

카르터, R. 105

카퍼필드, D. 40

칸트, I. 38, 48

커드닉, B. 160

케플러, J. 24~5

코페르니쿠스, N. 11~6, 23~4, 168

코프만, E. 25

케스틀러, A. 13, 18

크레머, W. 144

크룩스, W. 14~4

크뤼거, P. 24

클라비우스, C. 19, 22

킨레, H. 112~3

ㅌ

타이시어, E. 86~8

테메스바리, St. 54

ㅍ

파바로티, L. 85

파브리키우스 34

패러데이, M. 136

포, E.A. 188

프람, J. 105

플로타우, R. 82

피아치, G. 108

ㅎ

하르트만, J. 112

하르트비히, E. 35~6, 38~9

하비, Th. 107

하이젠베르크, W. 56, 116, 137

하텅, J.B. 161

하프너, H. 112

한, O. 52

허블, E.P. 38, 177, 181, 183~5

허셜, C. 30

허셜, J.F. 33

허셜, W.J. 30~2
허셜, W. 30, 158~9
핼리, E. 25
헤르츠스프룽, E. 111
헤벨리우스, 헤벨케 찾기
헤벨케, J. 23, 25, 27
헤크만, O. 112

호이스, Th. 52
호킹, St. 172~3
홀든, E.S. 159
후디니, 바이스 E. 찾기
훅, R. 25
훼슬링, A. 22
힐데브란트, A.v. 114, 118